SCIENCE

岩波科学ライブラリー 272

学ぶ脳

ぼんやりにこそ意味がある

虫明 元

岩波書店

はじめに

我々の生きている現代は、どんな分野においても、求められる知識が指数関数的に増加している。しかし、学校や社会における学びはその速度に追いつくことができない。また様々な分野で次々と起こっている問題は、過去には例の無い問題ばかりである。結果として現代人はこれまでの人類が未だ直面したことのない問題を新たな知識と方法で解決することが求められている。このような時代では、生涯学び続けないと、時代に適応した生き方ができないように思われる。では、どうすればそれが可能になるのだろうか。

我々の知識は様々な分野に細分化、専門化しており、その知識の使い方は認知的スキルと呼ばれ、教育の一番の目標になっている。さらに科学や技術の高度な専門化により、人の仕事も専門化が進んでいる。昨今の人工知能、情報科学などの進歩により、こうした認知的スキルの一部は外部記憶に頼りウェブ上の情報を検索することで誰でもアクセスできるようになってきた。

このような時代には、専門にかかわらず役に立つ、人間にとって根源的なスキルがあるのではないかと指摘されている。有名なものでは二一世紀型スキルとして4C、すなわち①コミュニケーション(communication)、②コラボレーション(collaboration)、③クリエイティビティ(creativity)、④クリティカル・シンキング(critical thinking)の四つが掲げられている。またOECD(経済協力開発機構)は社会情動スキルとして具体的に、自律性、自己効力感、内的動機づけ、自己制御、自己認識、メタ認知、ストレス対応能力、コミュニケーション能力、協働性、性格特性、創造性などを挙げている。これらは一括して非認知的スキルと呼ばれる。それぞれ、特定の専門分野の認知的スキルを支える基本的で重要なスキルであるが、これらはこれまでスキルとして認識されていなかったこともあり、改めて学ぶ機会もなく生活していることが多いのではないだろうか。

一方で、最近の脳科学の研究から、脳は我々が作業したり考えたりして活発に精神活動を行っている時にだけ活動するのでなく、ぼんやりと一見休んでいると思われる時(安静時)にも活発に活動していることが分かってきた。マーカス・レイクルらによればこの安静時にも活発に活動している場所(本書では基本系ネットワークと呼ぶ)は、計算などをしている時には休んでおり、計算を終え休んでいる時に活発に活動する。このように、計算などに関わる脳の場所と安静時に活動する場所はシーソーのように片方が働くともう片方が休み、しばらくすると活動する場所が交代する。

ぼんやりと休んでいる時に活動するだけなら、車のエンジンを空吹かししているアイドリング状態のようでもある。ところが、この基本系ネットワークは、脳のネットワークの集まる中心すなわちハブであり、脳全体を統合する役割をしていることが分かってきた。実は休んでいる時にも我々の脳は想像や記憶に関わる活動をしている。

さらに基本系ネットワークは意外な時に活動することが分かってきた。すなわち他人や自分に関する知識や、複数の人の心の働きを問う課題で、活発に活動するのである。このようにぼんやりしている時に働く基本系ネットワークは、自己認識と他者認知、さらには創造性といった非認知的スキルの主要な働きに関わることが次第に明らかになっている。

現代の我々に求められる非認知的スキルと最近の脳科学で解き明かされつつある安静時脳活動、とくに基本系ネットワークの働きが密接に関わることに気づいた時、改めて学びとは何であろうかという疑問が浮かび上がってきた。すなわち、ぼんやりしている時の脳の活動は、実は非認知的スキルを育てることに関わっているのではないかと。

ここで改めて「ぼんやり」するとは、どんな状態だろうか？　辞書的に言えば「ぼんやり」は、はっきりしない、意識が喪失しかかっている、といった意味のようである。しかしここで述べる「ぼんやり」はこれらとは意味が異なる。端的に言うと、日常のしがらみから自分を解き放って、それらとの距離を置く「間」のようなものである。これはむしろ「ぼんやり」の逆（＝「はっきり」「覚醒」など）をイメージすると分かりやすいかもしれない。

現代は朝から晩まで続く絶え間ない刺激とそれへの応答の連続で成り立っている。「ぼんやり」とは、そのような絶え間ない外界とのやり取りから、意識の持ちようを変えてみることを言う。後に詳しく述べるように「ぼんやり」する中で、様々な気づきや創造のきっかけが生まれる。学びも、いわゆる学習時間だけでなく、そこに上手に「間」を置くことが大切である。ただ常識的には、「ぼんやり」と「学び」は一見矛盾した脳の働きで、「ぼんやり」に関わる様々な脳の働きを育成するなどということが一体できるのだろうかと疑問に思えた。

このような疑問と対峙する中で、一つの実験的な試みを思い立った。そして、非認知的スキルであるコミュニケーション、コラボレーションのスキルに着目して、大学教育の現場に教育の一環として即興演劇を取り入れたワークショップを導入した。そこでは、多様な背景を持つ参加者同士が、協働作業を通して、即興で演劇を創作するという創造活動、すなわち共創性を自ら体験的に学ぶ。このような試みと最近の安静時の脳活動の働きを合わせて考えると、一つの新しい学びのあり方が見えてきた。

本書では現代の脳科学の視点で、学びの仕組みを四つに分けて紹介する。安静時の脳活動をまず大きく五つ(より正確には六つ)のネットワークに分け、これらの活動を踏まえつつ、学びに関わる脳の仕組みを身体脳、記憶脳、認知脳、社会脳の四つに分けて説明していく。それぞれの学びには非認知的スキルにつながる大切な学びが含まれている。このように脳科学の最近の展開を踏まえて、創造性を育む新たな学びの形を提案していきたい。

各章末に非認知的スキルに関する学びのヒントをまとめたので参考にしてほしい。

目 次

イラスト・カット＝古山　拓

序

脳は安静時にも活動している
――五つの脳活動ネットワーク

　脳研究の歴史の中には、我々の脳や心の理解を大きく変えるような進展が何度かあった。例えば睡眠は、以前は脳が休んでしまう時期と思われていた。しかし脳波の研究やその後の脳細胞についての研究から、睡眠中にも脳が活発に活動する時期があることが明らかになった。レム睡眠とも呼ばれるこの時期は、当初は、睡眠中なのに脳が活発に活動することが「逆説的」ということで、逆説睡眠と命名された。今では脳は睡眠中に、覚醒している時とは異なる様式で、記憶の固定や維持のために活動していることが分かっている。

　では、覚醒している日中の脳活動はどうであろうか？　実は脳は刺激を受け行動をしている時にだけ活動するわけでなく、一見休んでいると思われる状況（安静時）でも活発に活動していることが分かっている。しかもその脳活動では、脳のいくつかの領域がネットワークを形成して活動し、そうしたいくつかのネットワークが互いに協調したり、切り替わったりしている。ネットワーク単位で常に切り替わりながら揺らいでいるというと、イメージしてもらえるだろうか。日中に脳が消費するエネルギーの半分以上は、この安静時脳活動で消費されている。

発見当初、この活動は背景的な活動であり、肝心の脳の信号を劣化させるノイズと考えられていた。睡眠中の脳活動についての以前の理解と同じような状況だった。しかしその後の脳研究から、安静時に高い活動を示す脳の部位、すなわちネットワークは、他者理解、自己認知、回想的な記憶、物語の理解、想像性、創造性などに関わることが判明してきた。またこの部位は、認知症、統合失調症、躁鬱病、強迫神経症、不安神経症など、様々な精神や神経の病態に関わり、脳機能を維持する上で大切なネットワークであることも分かってきた。この安静時脳活動の理解はまだ研究途上ではあるが、我々の心についての理解に本質的な変革をもたらしつつある。

この章では、このような安静時脳活動の理解から見えてきた脳活動の新しい姿と、それに基づいた四つの学びの仕組みの概略を紹介する。ただ、最初に読むには少し網羅的過ぎるかもしれない。最初はざっと読み飛ばして、第1章から読みはじめていただいても構わない。脳の中で起こっていることを詳しく知りたいと思った時に、この序章に戻って読んでほしい。また、説明の都合上、脳の部位(領域)を示す解剖学的な名称がでてくるが、これらは必ずしも話の本筋を理解するのには必須ではないので、あまり気にせずにそういう場所があるのかと気楽に読み進めてほしい。

安静時の脳活動から見えてきた五つのネットワーク

安静時に活動する脳活動のネットワークは、多くの研究者によって様々に分類されているが、本書では以下の五つに分けて紹介する(図1)。仮に、感覚運動ネットワーク、気づきネットワーク、執行系ネットワーク、基本系ネットワーク、皮質下ネットワーク、と呼んでおこう。

感覚運動ネットワーク(sensory-motor network：SMN)は、文字通り、感覚と運動に関わる脳の領域を含んだネットワークをいう。感覚については、視覚・聴覚・体性感覚・味覚・嗅覚・前庭覚(重力、回転、加速度の感覚)に関わる領域が、運動に関しては、運動野、運動前野、補足運動野、帯状皮質運動野などが含まれる。外側の領域は主に外界への運動、内側の領域は自発的な内的運動や自分の運動のモニタリングに関わる。本書ではこれらをまとめて扱う。

気づきネットワークは、正しくはセイリエンス・ネットワーク(salience network：SAN)と呼ばれ、内臓などからの内受容感覚や、外界からの外受容感覚の情報を受ける前帯状皮質、島皮質と呼ばれる領域を含んだネットワークである。これらの領域には、前後で機能差があり、後方ほど低次な感覚情報での気づき(アウェアネス)、前方にいくと情動や高次の気づき(セルフ・アウェアネス)に関与する。

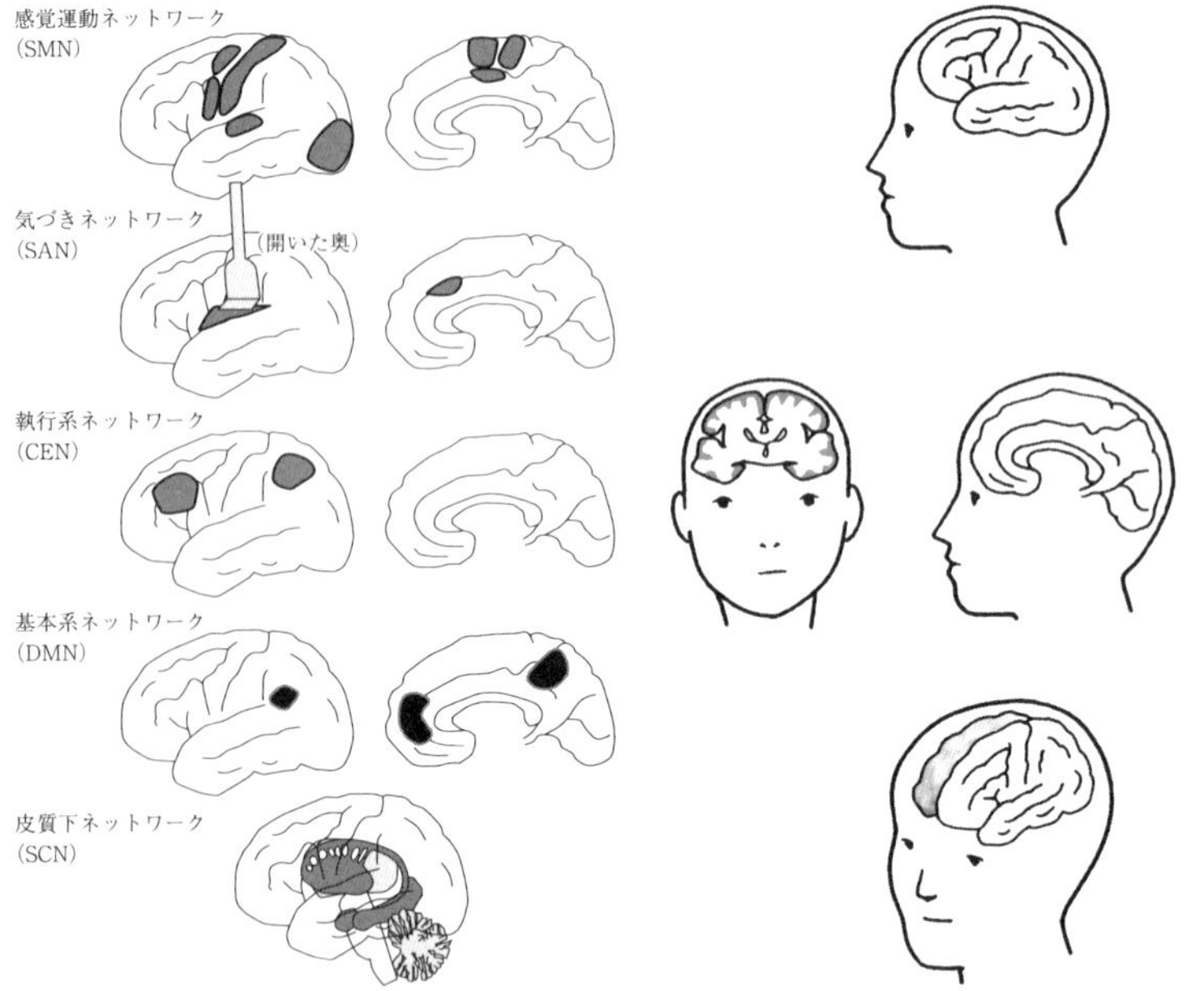

図1　大脳皮質と5つの脳活動ネットワーク

執行系ネットワークは、正しくはセントラル・エグゼクティブ・ネットワーク（central executive network：CEN）と呼ばれ、前頭前野と頭頂連合野の外側を含むネットワークで、いわゆる認知機能全般に関わる。特に外的世界に注意を向け、カテゴリー認知、抽象的な概念の生成や、ルールに従って目標達成のために一連の行動を計画することにも関わる。外界への注意系と執行機能系を分ける場合もあるが、本書では一緒にして扱う。脳の左半球では言語処理の中枢であり、言語の理解や表現の処理に関わる。右半球では言語より空間的な処理や情動処理に力を発揮する。

基本系ネットワークは、正しくはデフォルト・モード・ネットワーク（default mode network：DMN）と呼ばれ、主に前頭前野と頭頂連合野の内側（ともに執行系ネットワークの内側）と頭頂連合野下部の外側領域の一部そして側頭葉の一部を含む領域のネットワークで、安静時の活動の主体をなす。この部位は執行系ネットワークとも結合があり、大脳皮質のネットワーク全体のハブとして機能している。さらに前後、背側腹側に分けられるが、本書では一つにまとめて扱う。これらの領域は注意を内面に向けた時（内的注意）、ぼんやりとした時などに活動する。こうしたことから、自由に想像するなどの発散的思考に関わるとされる。一方で、自己と他者の関係、すなわち社会的認知にも関わる。また特に自己に関する回想的、展望的な語り（ナラティブという）を形成する働きにも関与する。

皮質下ネットワーク（subcortical network：SCN）は脳の内側の海馬、基底核（側坐核も含む）、扁桃体、小脳などが、先に述べた四つの大脳皮質のネットワークと密接に関わりながら形成するネットワークで、経験によって得た短期記憶を長期記憶に変換することに関わる。第2章で述べるように、海馬、基底核、扁桃体、小脳はそれぞれ異なるタイプの長期の記憶に関わる。

しかも、これら五つのネットワークは、互いに切り替わりながら働いたり、状況によっては協調的に働いたりすることが、様々な脳研究から明らかになっている。

実は六番目のネットワークとして、脳幹ネットワーク(neuro-modulatory network：NMN)があるが、本書ではほとんど触れない。脳幹の奥深くには、ノルアドレナリン、アセチルコリン、セロトニン、ドーパミン、ヒスタミンといった物質を神経修飾因子として利用する細胞群が存在し、皮質や皮質下に広く神経線維を伸ばして(投射して)いる。これらは、長期的には脳のネットワークの結びつきの強化や減弱化や維持に関わる。また短期的には脳の広範囲のネットワークの状態が一気に変化する時に活動する。他方でこれらの細胞群は皮質や皮質下からも投射を受けており、皮質および皮質下のネットワークと(神経修飾因子の)脳幹ネットワークは相互に影響し合っている。実際に、多くの精神・神経科の病気の背景にはこれらの神経修飾因子の異常が見つかっている。また精神・神経科で使われる多くの薬物はこれらの神経修飾因子に作用することが知られている。

切り替わり揺らぐネットワーク

これらのネットワークはどのように活動しているのだろうか(図2)。

例えば感覚運動ネットワークは外界と直接情報のやり取りができるので、早く作動できる。一方で執行系ネットワークは専ら脳の他の領域とやり取りをし、外界とは直接にはやり取りしないので状況の変化に応じて作動するのが遅くなる。そのために、慣れた状況では感覚運動ネットワークが直感的で自動的に、いわばオートパイロットのように意識されることなく

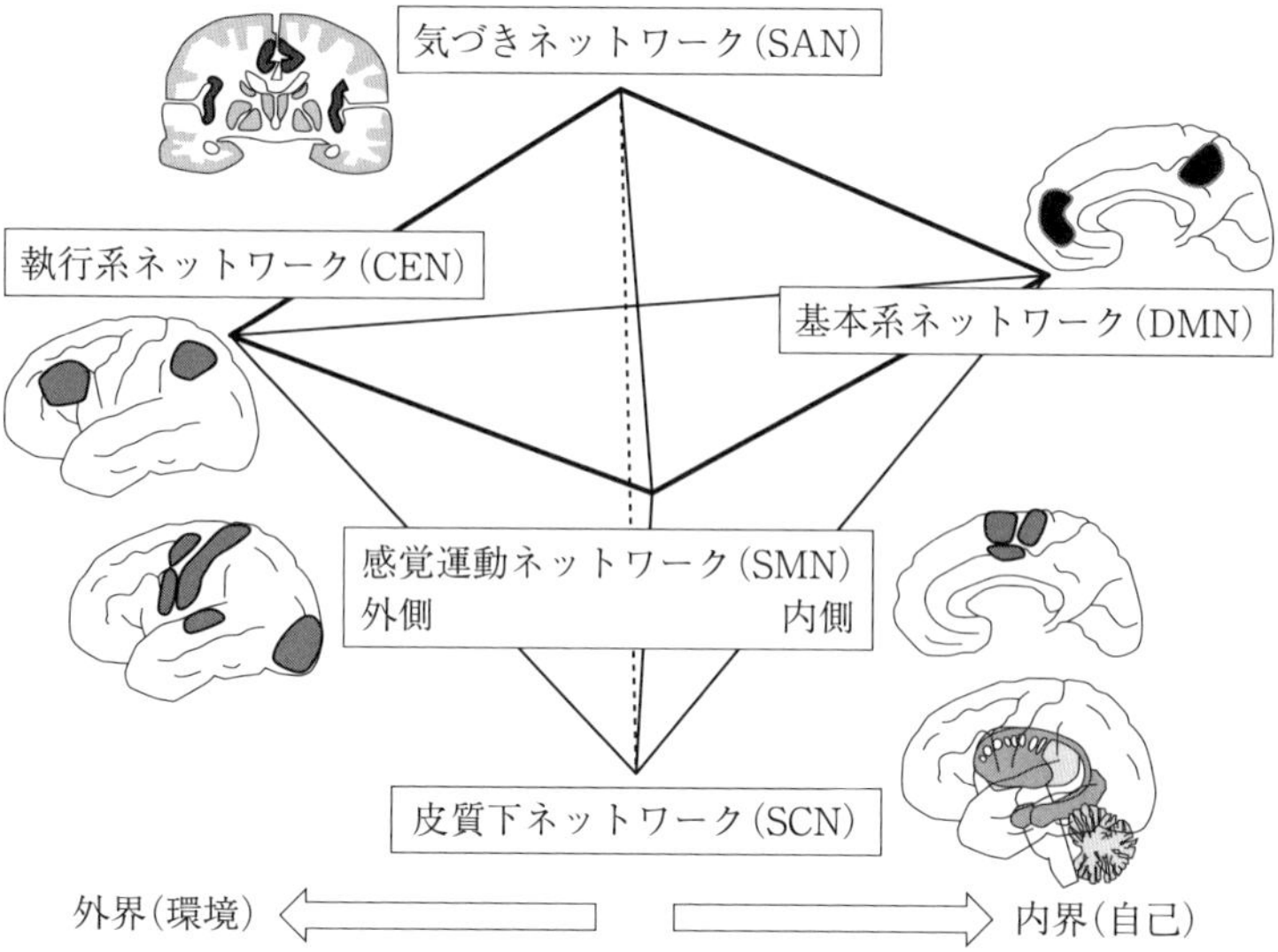

図2　5つの脳活動ネットワークと機能的な相互関係

働いている。一方で不慣れな状況になると、感覚運動ネットワークでは対応できなくなり、執行系ネットワークが活動して、感覚運動ネットワークを抑制しつつ、反省的な熟考をしながら行動を決定する。慣れている状況であっても、妙に状況を意識してしまい思考を始めると、途端に通常行っているスムーズな行動が止まってしまうという「分析まひ」は、誰もが体験することだろう。

また、執行系ネットワークと基本系ネットワークは、シーソーのように切り替わる傾向がある。すなわち執行系ネットワークは外界への注意や概念操作を行う時に活発に活動するが、基本系ネットワークは自己の内面への注意や記憶の探索や操作を行う時に活動する。

一方、皮質下ネットワークは他のネットワークとともに経験したことを短期記憶から長期的な記憶へと変換することに関わる。特に皮質下ネットワークを構成する領域の一つである基底核は、大脳皮質の感覚運動ネットワーク、気づきネットワーク、執行系ネットワークとの間に神経回路を形成していることが分かっている。例えば成功の経験を基に、中脳でドーパミンが放出されると、これが報酬信号となって、基底核と大脳皮質、および大脳皮質と基底核の間のネットワークの働きが長期的に変化し、習慣的な行動や認知が形成される。基底核の中でも腹側の側坐核は、報酬、快感、嗜癖など情動面で重要な働きを示す。さらに基底核は、学習形成の後も、様々な習慣的な行動の維持や切り替えに関わる。また、扁桃体は危険やストレス刺激で活動し、危険やストレスを避けるために関連する大脳皮質との結びつきを長期的に変化させる。

このように、五つ(より正確には六つ)のネットワークは、ある程度は独立しつつも、協調的に働く。さらに脳にはこれらのネットワーク以外にも、グリア細胞や血管系がそれぞれネットワークのように神経細胞周辺に存在して、ネットワークの働きを助けたり、修飾したりしていることも忘れてはなるまい。結果として、どのネットワークも学びに関わっている。

学びで脳のネットワークが変化する仕組み

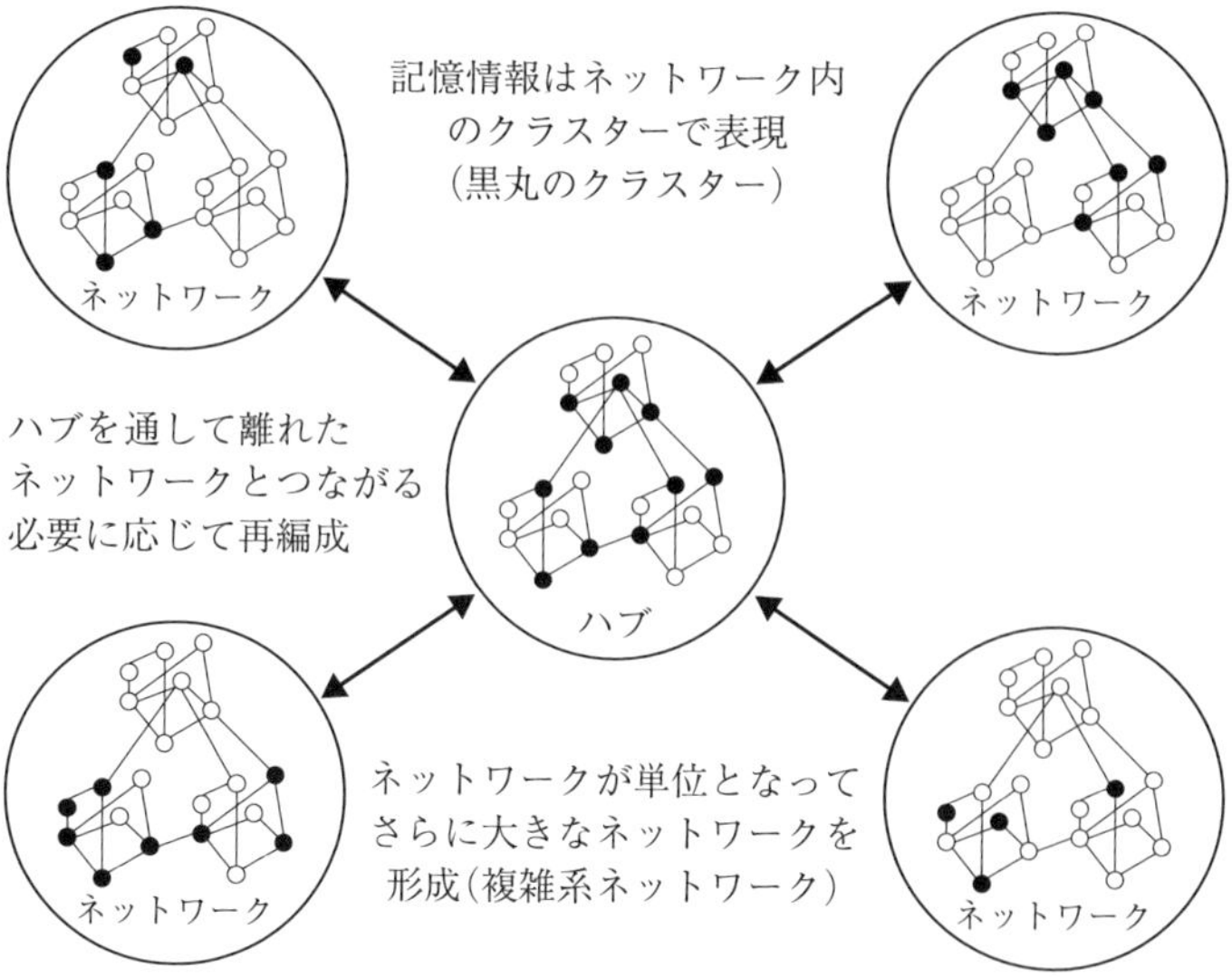

図 3　神経系はネットワークがネットワークをなす複雑系ネットワーク

上記の安静時のネットワークひとつひとつは、さらにいくつかの細かいサブネットワークから成り立っている(図3)。そしてそのサブネットワークもよく調べると、さらにより小さなネットワークによって構成され、最終的には脳細胞の集団により構成される。すなわち脳はネットワークが階層的にいくつも存在している「複雑系」のネットワークである。一つのネットワークが他のネットワークの構成要素となり、さらにそれが他のネットワークの構成要素になり……という入れ子構造になっている。このようなネットワークはスケール・フリー・ネットワークと呼ばれ、多くのつながりが集まるところをハブと呼ぶ。

また、小さなネットワーク単位の(細胞間の)相互作用では高い周波数で同期する傾向が強い。一方でネットワークとネットワークの相互作用ではゆっくりとした周波数で同期する傾向がある。このようにハードウェアとしてのネットワーク上では、ネットワークの各構成要素が様々な周波数の振動現象を生み出すことで同期することによって相互作用していることが知られている。

脳の一番小さなネットワークを一つ取りだすと、構成する細胞同士はシナプスと呼ばれる構造でつながっている。このシナプスの結合の強さ(結合度)が変化することで記憶が形づくられる。すなわち結合が強くなった細胞群(セルアセンブリーまたはクラスターと呼ばれる)がネットワークとして記憶の単位となる。

何かを経験すると、細胞間のシナプスによる結合状態が変化して、最初はネットワーク内のクラスターとして一時的に蓄えられる。それを短期記憶と呼ぶ。このクラスターが繰り返し活動したり、何らかの神経修飾因子が働くと、ネットワーク内のシナプスが長期的に変化して、短期記憶は長期記憶になる。一度ネットワーク内の細胞間の結合度が変化すると、ネットワーク間のダイナミクスも変わり、記憶が行動に変化を引き起こすことになる。

大脳皮質のネットワークには、ネットワークの出力が同じネットワークに入力する再帰的構造がいたるところにある。そうした中で信号が繰り返し処理されると、そのネットワークのシナプスの状態は最も安定する細胞の活動状態に落ち着く（収束する）。この収束するネットワークのパターンが記憶内容の実態である。

脳のネットワークには多数の細胞とその組み合わせがあるので、パターンの数は天文学的な数値になる。それぞれのパターンは、複雑系でいう、いわば引き込み口としてのアトラクターとなっている。信号が入ってくると関連するアトラクターがそれぞれのパターンに引き込もうとする。そのため間違ったところに収束してしまうこともある。学びを進めるにしたがって、ある活動パターンに高い確率で収束し、しかもそれが正しく思い出せた時のパターン（想起内容）に一致すると、（入力を記憶と照合する）学びに成功したことになる。

安静時脳活動から見えてきた学びの姿

安静時脳活動の発見によって、脳の活動は休んでいる時にも常にネットワーク単位で切り替わりながら活動し続け、揺らいでいることが明らかになった。その結果、ネットワーク内の細胞間の結合度は、学習経験をしていない休んでいる時にも変化する可能性が出てくる。安静時脳活動の発見は、課題に取り組んでいる時にだけ学ぶという従来の概念を根本的に変えることになる。

しかも個々の記憶に関連した細胞の活動パターンは多数ある。また特定の記憶に関係していない新しい活動パターンも多数ある。脳では安静時も次々とネットワークの活動パターンが遷移することで、脳の回路は活動状態を再構成しながら新しいパターンを探索したり、特定のパターンを強めて維持したりして、常に学びに関わり続けている。また、記憶を想起する時にも関連するネットワークを再構成しているので、想起時には記憶時と極めて似ているかもしれないが厳密には全く同じ状態になることは無いと言えるだろう。また、それゆえに新たな記憶情報を創生することも可能となる。

　このように、脳の細胞間のつながりの状態、すなわち記憶の実態を変える仕組みは二つある。一つは、外界から刺激を受けて行動し、その後行動のもたらした結果をフィードバックとして受け取ることを繰り返し、次第に外界に適応するように変化する仕組みである。この仕組みによって外界に関わっている時にネットワークがオンラインで変化する。一方で安静時活動の研究から、脳内のネットワークは外界とつながりがない状況でも、相互にネットワークの活動を切り替えながら影響し合うことでネットワーク内のつながりの状態が変化することが分かってきた。この変化はオフラインで、内部で変化する仕組みである。オンラインでもオフラインでも、こうした変化はネットワークの記憶として捉えられる。この新しい脳のあり方から、脳が学ぶ仕組みを新しく捉えなおしていこう。

　ネットワークの間のつながりはすべて長期的な記憶の形成に結びつくのではない。状況に合わせた柔軟性ある行動のためには、実は短時間で一過性の変化として信号の流れが変化することも重要である。そのようなネットワークのつながりの短期間での変化は、脳全体のネットワークが切り替わったり、競合したり、協調して働く時などにネットワークの相互作用を動的に変えることを可能にする。

ぼんやりと何もしてない時にはネットワークは、外界との入出力に影響されず、それぞれ別の機能をもったモジュールが自律的に自己組織化して働くことができる。一方で状況の変化が多様で、行うべきことの認知的負荷が増すと、基本系ネットワークを中心に脳全体のネットワークの情報のやり取りを効率的にするために、独立状態から協力状態に変化する。すなわちネットワークがバラバラなモジュール、あるいはコミュニティーとして働くのではなく、全体で一体化したグローバルなネットワークに再編成される。このようにネットワークの状態が大きく変化する時には、ネットワークの状態が一時的に不安定になったり、多くの活動が同期したりする。

四つの学びとその仕組み

脳の学びという観点からみても、脳のネットワークは完全に独立したものでなく、一つのネットワークが様々な学びに関わっている。そのため、この本では、学びに関わる脳の仕組みを、学びの行動的な特徴によって四つの段階に分類して説明する。すなわち学習脳0（身体脳）、学習脳1（記憶脳）、学習脳2（認知脳）、学習脳3（社会脳）である。

学習脳0（身体脳）は、外界と感覚と運動により相互作用するような基本的な経験からの学びに関係する部位で、感覚運動ネットワークが主体である。感覚には外界からだけでなく自己の身体さらには内臓からの情報を受け取ることも含まれる。このような内的感覚には、身体反応を介した驚きや、情動認知に何らかの違和感を感じる気づきネットワークが関与している。なお、学びは新たな事態への気づき（驚き）で始まるので、気づきネットワークは身体的な学び以外でも他の学びすべてに関わる。

学習脳1（記憶脳）は、短期的な経験を長期的な記憶として大脳皮質に留める働きを司る部位で、主に皮質下ネットワークが関わる。皮質下ネットワークは他の皮質の四つのネットワークと協力して記憶を形成する。すなわち感覚運動ネットワーク、気づきネットワーク、執行系ネットワーク、基本系ネットワークと関わりながら記憶の形成を行う。皮質は記憶の内容に関わる。記憶される内容は行動、思考、情動など多岐に及ぶ。皮質は領域ごとに働きが異なっており、記憶内容も領域ごとに異なる。一方で皮質下ネットワーク（と脳幹ネットワーク）は大脳皮質に分散的に蓄えられる記憶内容の形成、固定、維持、修飾、消去など、記憶の操作に関わる。

学習脳2（認知脳）は、目標達成のために、ルールや様々な状況を分析する高次の精神機能を学ぶ部位で、執行系ネットワークが主体的に関わる。このネットワークは外界への注意に関わり、内的な注意に関わる基本系ネットワークとシーソーのように切り替わりながらどちらか一方が働く関係になっている。一般的に執行系ネットワークは外界や概念化した対象へ向かい、基本系ネットワークは自己や他者の心の内面に向かう。

学習脳3(社会脳)は、自己や他者という対人関係を介した相手の理解、いわゆる社会認知を学ぶ部位で、基本系ネットワークが主体的に関わる。社会認知に関してはさらに複数のネットワークが関わっている。すなわち感覚運動ネットワークによる感覚運動を介して、相手の身体に起きたことを自分の相同な身体の運動や知覚に立場を置き替えて理解する他者理解や、気づきネットワークを介した身体の情動反応、特に痛みなどの不快な反応を、自己の身体の痛みのように感じて理解する他者理解も関係している。

学習0～3に添えた機能的な名称(身体脳・記憶脳・認知脳・社会脳)は、どれも一つの機能を強調しているために、他の機能を無視してしまいかねない。そこで、学習脳0(身体脳)、学習脳1(記憶脳)、学習脳2(認知脳)、学習脳3(社会脳)と、数字による命名も併用する。

なお、この番号は、最近の様々な分野の知見との整合性を考慮して0から始めている。例えば学習脳1、2は、ダニエル・カーネマンの速い思考システム1、と遅い思考システム2にほぼ対応する。さらに学習理論は歴史的には行動主義、認知主義、社会構成主義と進んできた。学習脳につけた数字は、ほぼこれらの学習理論の展開に添う順番になっている。さらには、心理療法の分野でも、第一ウェーブ(行動療法)、第二ウェーブ(認知行動療法)、第三ウェーブ(関係性を重視した新しい心理療法)と展開してきた。これらを踏まえて、学習脳0、1、2、3とした。

1 感覚と運動でつくられる学びの基盤――身体脳

人の脳は生まれた時に、真っ白な白紙の状態から学ぶのではない。感覚を伝えその処理を行う神経ネットワークや、運動に関わる神経ネットワークの基本的な仕組みは、すでにある程度準備されて生まれてくる。しかも、養育者とのやり取りを見ると、感覚や運動のレベルとはいえ、すでにかなりの高い社会性を備えているように見える。そして初期の感覚や運動の経験によって、環境中の多数の可能性の中から、最も頻繁に経験した内容に合わせて脳の回路が変化する。その結果、感覚系、特に聴覚の音の弁別能などは、その人の属する言語文化に適応した形で、その言語に特徴的な音を理解できるように最適化していく。

この章では、生後間もなくから養育者との相互の働きかけを持つ乳幼児の行動を例にとって、そこにどのような脳の仕組みが関わっているかを検討したい。

赤ちゃんの前で突然無表情になったら

人は生まれながらにして周囲に関心を持ち、感覚と運動により対象と直接関わりながら、

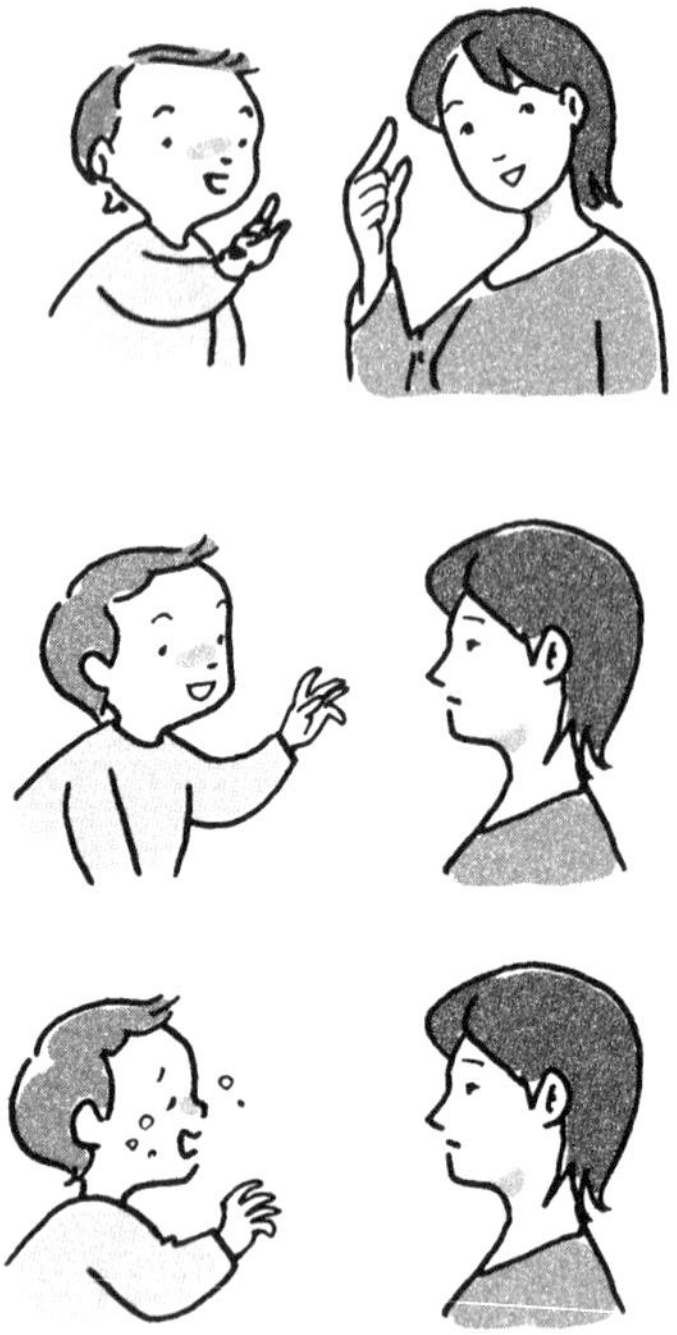

図４　母子による無表情実験

対象を知り、そこから学ぼうとする。まずはエド・トロニックが約一歳の乳児に行った実験を紹介しよう。これは「無表情実験」と言われている（図４）。

　約一歳の乳児が、養育者（ここでは母親）に対面して座っている。二台のカメラが乳児と母親の表情や動作を捉え、左右に並べて表示する。実験者は二人の仕草の一部始終を観察できる。約一歳の乳児は、養育者（母親）が指差しをして注意を誘導したり表情を変化させるとそれに反応する。それに養育者が反応すると、また乳児が反応する。

　しばらくして、母親は突然無表情になり、以後乳児に反応しなくなり、じっと対面するだけになる。すると、乳児は、一瞬表情をこわばらせ、それでも母親の注意を引こうと、周囲を指差したり、笑いかけたり、次々と様々な動作を繰り出す。それでも母親が無表情でいると、ついには泣き出してしまう。

　この一連の様子を見ると、二人は無言ではあるが、表情、視線、手の動きなど、全身の感覚と運動を使って、言葉によらない「対話」を行っている。これが単に反射的な運動や、環境との相互作用を持たずに起こった自発的な運動でないことは、母親が無表情になった後の乳児のびっくりした様子や、その後にむしろ以前より活発に母親に働きかける様子から分かる。意図を持った行動と推察できる。

赤ちゃんのコミュニケーションを支える脳の仕組み

こうした母子のやり取りから、あくまで非言語的なレベルではあるが、すでにコミュニケーション能力を支える脳の仕組みが存在することが類推できる。その行動の様子は、運動に関わる複数の脳領域の働きを示唆している。一般に、自発的に開始される運動には補足運動野が、また関心対象への指差しや視線の移動には運動前野と前頭眼野が、さらに目の前の相手の動きを模倣(ミラーリング)するような行動には頭頂葉から運動前野にかけての働きが関わっている。

運動前野にはジャコモ・リゾラッティらが発見したミラーニューロンという細胞が知られている(図5)。座っているサルの目の前で、実験者が片手でトレーのレーズンをつまむ。この動作を見ているだけでサルのミラーニューロンが活動する。今度は実験者がトレーにレーズンをのせてサルに差し出すと、サルは実験者と同じように指を用いてレーズンをつまんで食べる。この際に先ほどのミラーニューロンが再び活動する。すなわちこの細胞は自分で行

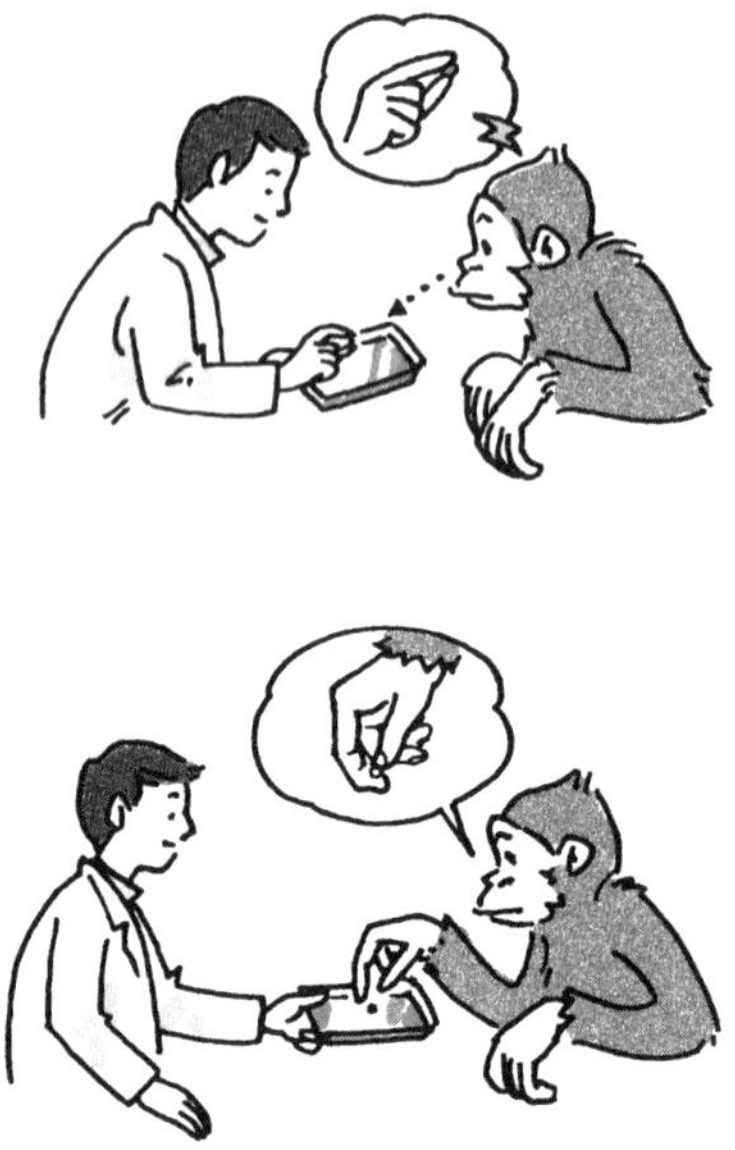

図 5　ミラーニューロン．動作観察と動作実行で活動する細胞

動しても、他者の動作を観察しても、同様に活動する。このような細胞をミラーニューロンと呼び、このような細胞を含むネットワークをミラー・システムと呼ぶ。

さらに相手の無表情に対して不満や情動的な反応として起こる行動には帯状皮質運動野が関わる。期待される他者からの反応と、実際の反応が食い違い、自分が相手にされていないことを感じる。帯状皮質はこのような状況で活動し、その解決のための行動を誘発する。働きかける、泣くなど、相手からの注意を得るための行動である。特に、乳幼児期は養育者である身近な大人と、活発な交流を通して、親密な信頼関係、いわゆる愛着（アタッチメント）を形成する。このような養育者との愛着関係が安定化するか、不安定化するか、その親密な関係構築のスタイルは、青年期に、そして大人になり養育者になって、再び重要な意義を持つことになる。

感覚や運動と基本的な情動の回路は、生後直後からコミュニケーションを支える脳の仕組みとして働いている。実はこれらの多数の感覚運動領野は生後の一時期だけでなく、目の前の相手と能動的に直接関わる(エンゲージメントする)という形で、学びの基盤になるコミュニケーションのためのインターフェースとして、以後常に働いていると考えられるのである。

自分の手や動きを見つめるのは

一方で乳幼児は早い時期から、自分の身体の動きと自分の意図との間に関係があることを察しているようである。これを示唆する興味深い現象が知られている。

乳児はしばしば、自分の手やその動きをじっと見つめている(図6)。その様子を何かに見入っている、手の動きを不思議そうに科学者のように見つめているというのは解釈し過ぎかもしれないが、実際にそう見える。このように自分の手を見つめる現象を「ハンド・リガード」と呼ぶ。この現象は広く見られ、自己の身体とそれを動かす自分の意思との関連性に気づきつつあることの表れと考えられている。自己効力感(自分がある状況において必要な行動をうまく遂行できるという感じ)の認知や、行為者感覚(その運動の動作主が自分であるという感じ)が少しずつではあるが、この時期に育ってきていると思われる。

図6 ハンド・リガード．自分の手の動きをじっと見つめる乳児

先ほど紹介したエド・トロニックの実験とハンド・リガードなどの現象から、乳幼児は自己と他者（あなた）を、身体を媒介として互いに意図を持った主体として理解しているようだ。自分が行動し、相手がそれを見て反応し、それを見てさらに自分が反応するという一連の流れには、互いが主体性のある行為者と相互にみなす社会的な理解や態度、すなわち「間主体性」が存在するように思われる。こうしたやり取りでは相手との交互の認識と行動のやり取りが基本になっている。乳幼児にとってはまだ素朴な理解でしかないと思われるが、自己と目の前の相手の二者の相互の反応の中でその中に主体性を見出すという心の態度が、社会性の発達の基盤として育まれる。

学びの原形としての遊びと教化による学び過ぎ現象

乳幼児期の学びは、学童期以降の教師と学習者という典型的な関係によるのではなく、身近な養育者としての大人との「遊び」や子供どうしの「遊び」の中にある。遊びは、基本的に自発的な行為で、何らかの規則に従うことが多い。何かを何かにみなしたり（例えば、石や泥水を食べ物やジュースに見立てる）、想像に任せていろいろな役になって演技するような遊び（例えば、鬼ごっこや、オママゴト）も一般的であろう。学ぶといった目的より、行為自体を楽しむ点が特徴である。感覚運動的な遊びは、短い時期ではあるが、多くの動物にも見られる。遊びが学びになるのは、子供が自発的に自分で選んだ遊びを繰り返し、次第に遊び自体に集中し、何らかの充実感や達成感と共に終わるようなサイクルになった時である。このような機会を生み出すには、様々な関心を示す子供たちが、様々な遊びを自分で見つけられるように、安全で安心して遊べる環境を整えることが必要だろう。豊かな資源を準備し、自然に学びの自己発見ができると理想的であろう。

遊びは創造性の原型ともいうべき活動であり、楽しみながら試行錯誤する。一方で子供は教育を受けるにしたがって、教育されたこと以外の自由な発想は次第に抑制されていく。これを示す実験が大人のチンパンジーと人の子供で、行われている。この実験では、一つの箱から棒を使った一連の動作手順でお菓子を取り出すという課題を大人の人に教えてもらう。チンパンジーも人の子供と同様に一連の行動を観察し、それを模倣して同じように一連の手順を行いお菓子を取り出すことができる。

その後箱を透明にして、中が見えるようにする。すると、実は複雑な一連の行動をしなくても、お菓子はすぐに取れることが明らかになる。チンパンジーはすぐこれに気がつき、直接手を伸ばして箱からお菓子を取り出す。しかし人間の子供は、なおも棒を使った一連の手続きを神妙な顔をして行い続けた。

これは教化されすぎて、模倣以上のことをしなくなってしまった子供の様子を端的に示している。教育することで、子供のころにあった自由な発想が失われ、創造性がなくなっていくとすると、教育とはなんだろうかと複雑な思いになるのは著者だけであろうか。

図 7　母子間の音声を聞きながら口元に注目する乳児

やり取りで変化する感覚系

幼児期の感覚や運動の学びには、特別に感受性の高い時期があることが知られている。一時は臨界期と呼ばれたこともあるが、臨界期の境界がはっきりしているわけではないので、高感受性期と呼ばれることも多い。具体的な例として、RとLの発音の区別を考えてみよう。パトリシア・クールによれば日本人は不得意とされるRとLの発音の学びでも、乳幼児期に英語を母語とする養育者が英語で話しながら子供に関わることで、たとえその子供が日本人であっても、RとLが聞き取れ、話せるようになる。

英語を母語とする養育者は、RとLを区別した発音をしながら子供に接する(図7)。例えば、岩のロック(Rock)と鍵のロック(Lock)は、英語では異なる発音、違った意味である。日本語では、ロックは同音異義である。英語を母語とする養育者に育てられると、両者は発音も意味も異なる語として学ばれる。一方で、日本語を母語とする養育者が子供に日本語を話しながら接すると、RとLが聞き分けられず、区別して話すことにも困難を感じるようになる。RとLの音の弁別学習は、子供の国籍や人種には依存しない。日本人でもアメリカ人であっても、ある時期の養育者との社会生活の中でのやり取りによって、自然に特定の音への弁別能力を失ったり獲得したりするのである。

音と映像だけで良いなら、現代なら、ビデオを用いて同様な感覚運動的な経験はできそうである。しかしビデオ学習ではRとLとの弁別能は、養育者とのやり取りから学ぶようには獲得できなかった。養育者とのやり取りでは、相手の口元を見ながら音を聞き、自分が発声すると養育者が応答する。実はこの直接的な相互の関わり（エンゲージメント）が大切らしい。単に音に馴染むだけでは不十分であり、人とのやり取りという社会的な文脈の中で相互に関わることで学ばれるようである。

自分の発音が目の前で話しかけた相手に通じたり、相手の話すことが理解できた時には、社会的な報酬とでも呼ぶべき喜びや満足が得られる。コミュニケーション中で、こうした相手の承認や他者理解の喜びが、自分の主体的な行動によって起こることは、ビデオ聴取などでは得ることがない。臨界時期の学びはほとんどすべて感覚運動ネットワークで起こり、感覚や運動を介した初期の養育者との直接的な関わり合いが、それぞれの文化にあった脳の基盤を形成する。

赤ちゃんの脳で起こっているのは

この時、脳ではどういうことが起こっているのだろうか。序章で述べたように、経験は脳のネットワーク内の細胞と細胞をつなぐシナプスという接合部に影響を与え、その結合度を変化させる。これが長期的に変化すると、記憶として安定した行動の変化が引き起こされる。例えば先ほどの例で、RとLの発音は、異なる発声に接して自分が発声し、相手からの反応があることで、感覚運動ネットワークは次第に異なる応答性を弁別能として獲得する。一方でRとLを区別しない環境で育つと、感覚運動ネットワークは次第に両者を一つの音として差のない応答性を獲得する。繰り返しの経験と何らかの報酬や動機づけが弁別学習を促進する。育てられた文化的な背景のもとで、多様な刺激に触れることで、脳は多様な弁別機能を獲得するのである。

言語習得に関しても、養育者との限られた相互の関係で複雑な文法など正しく身につける様子を不思議に思ったノーム・チョムスキーらは、かつてこれを「刺激の貧困」と呼び、生得的な言語獲得機構があることを示唆した。しかし安静時の活動を考えると、覚醒時の様々な経験は、安静時の活動として、オフライン状態でも繰り返し内部で自由に生成され、その中で整合的な一つの言語使用の脳内表現が「文法(?)」として獲得されているのではないだろうか。生後の比較的感受性の高い時期は、乳幼児は睡眠時間も長く、脳内の自発的なネットワークを再編成する時間は十分にあると思われる。

身体の学びは、自己の身体や感覚を介した相手との相互作用をリアルタイムで経験し、そうした循環的な関わり(エンゲージメント)によって学ぶ基本的な仕組みである。これから紹介する記憶脳、認知脳、社会脳はこの身体脳の基盤の上に形成されることになる。

身体脳の非認知的スキル

① 身体脳の学びは、単に感覚運動的なものでなく、幼少時から信頼できる他者(一緒にいる相手)との安心できる環境での社会的、情動的なやり取りから生まれることが多い。身体脳の学びの基本は眼前の相手との言語や身体表現を用いた言語によらない(非言語の)コミュニケーションや相互のやり取りから学ぶ。

② 身体脳の学びは、外からの刺激によって誘発されることもあるが、多くは自らの自発的な働きかけによるという点で、能動的である。そして、自分の意思の達成がきちんと行動の結果として感じられることで、自己効力感が形成される。自分の意思通りに何かをできるという自己効力感は、何を学ぶ場合にも基本となる喜びである。子供にとって遊びは、自発性を促し、達成感を通して学びの姿勢を育む貴重な機会である。そのため様

々な遊びの機会を環境として準備することが望まれる。

③ 身体的なコミュニケーションについての学びは社会的であり、育った文化への適応を最適化するように感覚運動系の調整を行う。そして、その文化で生活する上で基盤となる感覚運動のレパートリーを学ぶ。どのように最適化されるかは、特に幼少時に感受性が高く、育てられた環境・文化に強く影響される。しかし、ビデオなどによる一方的な情報提供では影響は少なく、具体的な感覚運動のすべてを伴う社会的な対人関係でのみ学ぶことができる。

◆コラム1　愛着は皮膚感覚から

サルの行動を研究したハリー・ハーローは、乳幼児期のサルの子供が育っていくには、触れることができる養育者が存在し、実際に相互に関わることが大切であることを発見した(図8)。金網でできた代理母の模型と毛布でできた代理母の模型を親と離された子ザルに示すと、毛布の代理母にすがりつく。通常は一人でいると不安げで回避行動しかとらないが、代理母にすがりつくと、外からの侵入者にも果敢に声を上げて対応するなど、行動が変わる。安全基地としての養育者を肌で感じると、安心して、むしろ外界への関心が高まる。

このような子供と養育者(必ずしも母親だけでなく父親、その他養育する人)の間の親密な信頼関係が愛着(アタッチメント)形成にとって重要である。アタッチメントが形成された人間関係の中では、精神的な安全基地が形成され、これがその後の社会生活の基盤となる。逆に養育者などを失うと心の痛みを感じるが、これは身体的な痛みと同様に、気づきネットワークが検出し、その後の行動の発現に関わる。気づきネットワークの活動を抑制すると、養育者との別離の不安を感じなくなる。

一方で有毛部へ優しく繰り返される愛撫などは、気づきネットワークに伝えられ、養育行動や愛情表現として認識されることが分かっている。ハーローの実験でも、毛布でできた代理母の模型で養育状態は当初は改善したように見えたが、長期的にはやはりサルの子供は精神的に不安定になった。また母の模型を動かない模型から動く模型にするとさらに改善することも発見されている。単純な感覚でなく相互に反応し合う皮膚感覚、すなわち

図 8　代理母(金網製と毛布製)で毛布製にすがるサルの子供

互いに関わりあうエンゲージメントが不可欠なのだ。

実際有毛部の皮膚感覚受容器のある種の情報は、何段階かの経路を経て気づきネットワークの島皮質、帯状皮質に伝えられる(投射される)。サルの子供は不安を感じるとこの不安を抑制するために行動し、泣いたりする。すると養育者の母ザルはそれに反応する。この相互関係によって、気づきネットワークには内外からの身体感覚情報が集まる。こうした中で気づきネットワークは身体のどのような反応がどんな変化をもたらすかを常にモニターしている。

身体的な接触を含む皮膚感覚は社会的な対人関係を構築する上で基本的なものであり、信頼や安心の基盤になる。幼児期にネグレクトなどの虐待があれば、アタッチメントや安全基地の形成に困難をきたし、気づきネットワークの活動が不安定となる。アタッチメント形成は、その後の社会情動的スキルに大きな影響を与えるため、非認知的スキルとして、その育成には十分注意を払うべきである。

社会的な環境下での学びには、対人関係を含め外界への自律神経系の反応状態が関わっている。適切な量のストレスがあるとパフォーマンスが最もよくなるが、ストレスが不足しても過剰でもパフォーマンスが落ちることが知られている。ストレスとパフォーマンスは逆U字の関係を示す。適正なのは自律神経の状態としては交感神経と副交感神経のバランスが取れた状態である。

最近の研究から副交感神経には二種類あり、過剰なストレスで身体反応を制止し、虚脱して気を失ってしまう背側系と、適切なストレスで、豊かな情動表現をとり、ストレスに対して融通性のある対応ができる腹側系から成り立つとされる。上記のハーローの実験からも、養育者から早期に隔離された状況では背側系が優位になりストレスに弱いが、養育者がいると腹側系が優位になり、外界からのストレスへの対応力が増すことが分かる。対人関係に対する自律神経系の応答性は社会的ストレスに対して重要である。大きなストレスには対人関係のストレスが含まれることが多く、その対応力、回復力はレジリエンスと呼ばれ、非認知的スキルに関わる。

2 習慣的な判断は記憶が生み出す——記憶脳

学びにおいて、記憶は学びと同義語であると言ってもよいくらい、中心におかれた活動である。では具体的には何を記憶するだろうか？ 親しい人の顔、名前、携帯電話の使い方、これまで自分に起きた出来事、今後の予定……。これらはすべて記憶がなければ困ることばかりである。

長期の記憶は大きく二つに分類される。例えば昨日の夕食のおかずについては、「昨日何を夕食に食べたの？」と聞かれると「カレーライスだった」などと答えられる。こうした意識化でき、言語として、または具体的な映像として報告できる記憶は明示的記憶という。一方で自転車に乗る（運転できる）という記憶は「自転車にはどうやって乗るの？」と聞かれてもすぐには答えられない。だからといって、記憶が無いのではなく、運転の仕方が分かっていることは、自転車に乗って見せればすぐに示せる。このような、行動でしか示せない記憶を暗示的記憶という。

また、前者はエピソード記憶と呼ばれる記憶で、回想や伝記的な物語をする時に必須の記憶である。後者は手続き記憶で、分かりやすく言うとスキルや習慣のような記憶である。

日常の多くの行動はこのような習慣の束によって成り立っている。記憶に二つのタイプがあることは、脳の一部が障がいされた患者の貴重な研究から知られるようになった。

海馬を切除されたＨＭ――失われた記憶と保持された記憶

ＨＭと呼ばれる、てんかん治療で海馬切除術を受けた患者の症例を紹介しながら、エピソード記憶と手続き記憶の特徴を比較してみよう。

ＨＭは二七歳で手術を受けてから、新たに経験したエピソードを記憶できなくなった。誰と何時に会ったかなどはすぐに忘れてしまう。エピソード記憶はこうした誰といつ会ったかという記憶のことで、これが連続して、過去からいかに現在に至ったかという回想記憶がつくられる。ＨＭは海馬切除以降このエピソード記憶を獲得できないため、記憶が手術時以前の時間で止まった状態になってしまった。彼は鏡に映った自分の顔でさえも、記憶にある自分の若い時の顔と違うことに当惑した（図９）。さらに彼は将来の行動に対して展望する能力、すなわち展望的記憶にも障がいが見られた。

一方で彼は、鏡を使って図形の逆像を描くといった新しいスキルを身につける課題では、繰り返し行うと上達が見られた。このようなスキルに関する記憶は、手続き記憶と呼ばれる。ただ、彼はそれがなぜ上手なのか理由を聞かれても、練習したエピソードを思い出せないいため、何も答えられない。彼は手続き的なスキルの記憶はあっても、それを獲得したエピソードの記憶は明示的に思い出すことができなかった。

この例から、海馬に依存する記憶と依存しない記憶があることがはっきりした。HMの症例では海馬の切除により失われた記憶が、エピソード記憶、回想的記憶、展望的記憶であることから、海馬が過去・現在・未来をつなぐ心のタイムトラベルのような働きをしていることになる。いわば日記帳と予定帳の両方の役割を果たすことが分かる。なぜそんな働きができるのであろうか。

図 9　海馬の障がいで記憶の中ではいつまでも27歳のまま

実は海馬は大人になっても細胞が新しく生まれる数少ない脳の場所である。したがって海馬はページ数が次々増える日記帳であり予定帳のようである。ただし古い記憶は大脳皮質にアーカイブとして記憶され、海馬には依存しなくなる。HMはそのような働きを海馬とともに失い重篤な記憶障がいがあるにもかかわらず手続き記憶が獲得できることから、手続き記憶は、海馬には依存せず、繰り返しの経験から獲得できることが分かる。

実は手続き記憶はさらに複数に分かれ、それぞれ担当する神経ネットワークも異なる。成功や失敗を基にした習慣の記憶は基底核と大脳皮質のネットワークで形成される。情動的なストレスと事象との関連は扁桃体と大脳皮質とのネットワークで形成される。認知、行動、運動の様々なスキルは誤差を最小にするような原理で調整が行われ、小脳と大脳皮質とのネットワークで形成・維持される。基底核と小脳は互いに相補的な役割を持って、大脳皮質とネットワークを形成している。このような手続き(スキル)を形成する記憶はHMでは保たれている。

思い出され書き込まれるエピソード記憶

記憶といっても、単に覚えるだけではない。記憶はいくつかの過程からなると考えられている。記憶には、脳に書き込む記銘と呼ばれる過程と、次に記憶を定着させる固定と呼ばれる過程がある。

記憶の定着は、学習後の睡眠や安静の時期に起こることが知られている。記憶直後の睡眠や安静を妨げると、記憶の固定の過程を妨げることになり、記憶がきちんと定着しない。集中して記憶する、つまり実際に学習している(オンライン学習)時だけでなく、学習と学習の間をおくことでその間に記憶の固定が進み、いわばオフライン学習とでもいうべき学びが行われている。このことから確かな記憶を形成するのには、記銘に長時間かける集中学習より、短期の記銘と定着や想起を繰り返す分散学習が効果的であることが分かる。

また、エピソードを思い出すたびに記憶の再定着が起こり、その時の文脈も含めて記憶が再記述されるために、記憶内容は変えられていく。特に記憶を書き込んだ記銘直後に、記憶の再生を起こさせると、記憶の再定着の過程で記憶に変化が起こり、その影響が後まで残ることが知られている。

エリザベス・ロフタスによれば、例えば事故を目撃した後で「どのような衝突だったか？」と聞かれたか、「どのような激突だったか？」と聞かれたかなど、質問の言葉のわずかな違いが、その後の被験者の想起内容に違いをもたらす。「激突だったか」と聞かれた目撃者は、「衝突だったか」と聞かれた目撃者より、車のスピードが速かったと証言する傾向がある。また、一週間後に、車の窓は割れていたかどうかを尋ねると、「激突だったか」と聞かれた目撃者たちは、「衝突だったか」と尋ねられた目撃者より、窓も割れていたと答える傾向がみられた。すなわち、直後の質問の仕方が、以後の証言内容に影響を与え、そして当人の記憶内容にもさかのぼって（遡行的に）影響を与えている。

このように同じ経験をした後に、その記憶をどのような文脈で想起したかという経験によって、記憶内容が時間をさかのぼる形で変化していくことは、記憶が単にコンピュータのメモリーへの書き込みと違い、想起するたびに再構成されていることを示している。

ＨＭが呼び起こしたもう一つの論争

先ほどのＨＭに関する回想記録が、彼のことを近くで観察できた二人の人の手によって後に出版された。一人は、彼の記憶障がいを研究していた研究者、もう一人はＨＭの手術を担当した医師の孫である。ニューヨーク・タイムズがＨＭに関するこの二つの回想記録の違いについての記事を二〇一六年に掲載し、大きな論争となった。前者の回想では、ＨＭの治療のための手術や周囲の介護などが肯定的に語られたが、後者の回想では海馬摘出の治療そのものが疑問視され、ＨＭという記憶障がい者と世話をする周囲の人々との人間関係に倫理的な問題を指摘した。

このように断片的には同じような出来事を基にしていても、語り手によって、全体としては全く異なる物語になってしまった。このことは関係者のみならず多くの人の関心の的となり、関係者の間で論争が始まった。この出来事は断片の情報から物語を再構築する際には視点および解釈次第で多数の物語が生成されるというナラティブ機能(断片的な記憶情報から物語化する機能)の特徴をよく表していると思われる。回想的な記憶は、エピソードが写真のように記憶されそのまま再現されるのではなく、思い出す時にその文脈に従ってその都度再構築され、ネットワークの中で再現されるのだ。

海馬は、単に大脳皮質などに分散している記憶の断片をエピソードの記憶としてまとめるだけでなく、想起する時の文脈や個人の視点で、他の情報で補完しながら大きなストーリーを構築することにも関わる。だとすれば人によって構築された記憶内容が、同じような観察に基づいているにもかかわらず異なる物語になることも、不思議ではない。

睡眠で進む記憶の定着

ところで、記憶の定着はどのように進むのであろうか。

エピソード記憶は、時間的空間的に特定可能な断片的エピソードの集まりである。記憶の断片的な内容は大脳皮質の様々な場所に分散して蓄えられるが、最初の記銘時には、まず海馬で様々な情報が統合され、その貯蔵場所を示す「タグ」のようなものが関連するネットワーク内のシナプスに形成されると考えられる。そのため、学習時にはまず外界からの情報によって記憶が貯蔵される大脳皮質の関連部位に活性化が起こり、次いで海馬が活性化されて記憶が形成される(図10)。

一方で睡眠時や安静時には、外からではなくいわば内から、すなわち海馬内から活性化が起こり、大脳皮質へと伝わり、記銘時の活性化と逆の順序で、皮質に蓄えられた情報の活性化が起こる。いわゆる記憶内容の再現リプレイ現象である。ジョージ・ブザキらの研究によればこの際には、実際に行われた時の時間(実時間)はかからず、それが一瞬の脳活動に圧縮される。

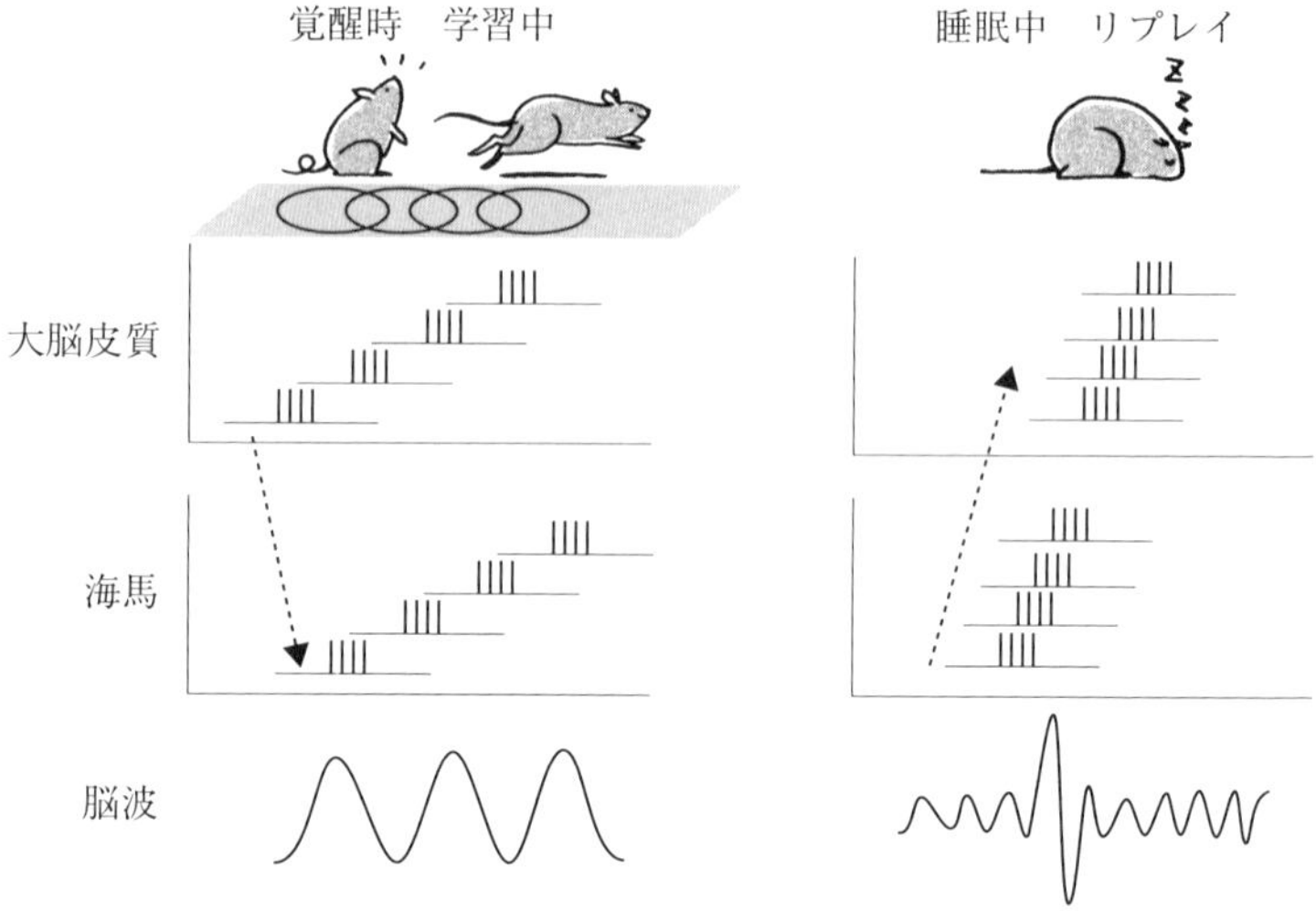

図 10　学習中は皮質から海馬へ，睡眠中は海馬から皮質へ情報が伝搬する

学習直後のノンレム睡眠中には様々な内容のこうしたリプレイが起こり、その結果として記憶の定着が起こると考えられている。一方睡眠のレム期は、ある程度皮質間のネットワークもつくられやすくなっており、様々なネットワークの活動パターンを自由に行き来して、活動パターンの新たな結びつきや新たな可能性を探索している状態と捉えられる。

脳の記憶は細胞と細胞の間をつなぐシナプスの結合の強さ、つまり情報の伝わりやすさ、読み取りやすさとして記録される。しかし、すべての結合で強度が強くなれば、記憶としての意味はなくなる。なぜなら、記憶はシナプス強度に差があるから情報として読み取れるのであって、すべてのシナプスが強化されたら、何を読み取ればよいか分からなくなってしまう。このため、睡眠時には、特定の記憶が定着するだけでなく、記憶に関係する細胞間の結合の強さが全体として調整され、結果として忘却と記銘のバランスが保たれるのだ。

無意識の中で記憶の固定が起こることから、何かを記銘した後、単純に記憶はどんどん忘れられるだけでなく、レミニセンスといって、記銘した直後よりも、数日経ってからの方が、記憶をよく想起できることがある。特に意味を持った内容の学習の時には、このような記憶を想起がしやすい時にさらに復習するとより強固な記憶が形成される。

学びは驚きで始まり、予測できるようになると終わる

記憶する脳の仕組みは常に働いているが、何でも記憶するわけではない。また関係する脳の細胞やその結合には多数の組み合わせが可能だが、決して無限に記憶できるわけではない。では、学びはいつ始まりいつ終了するのであろうか？

脳には安静時も含めて、常に事態を予測しながら、予想通りか予測外か判別して、自分の周辺で起こる事態をモニタリングする働きがある。そして、その中に予想外の出来事があると、その内容に応じて学びが始まる。特に予想外の良いこと、すなわち報酬があると、それに関連した行動や事象を強く記銘し、行動であればその行動を選択するようになる。そして、完全に予測できないうちは、その報酬を求めて、何度でも様々な行動を試行錯誤する。

一方で、予想していた良い結果が得られないこともある。期待した報酬がもらえないような事態もありうる。そうすると、その行動は次第に選択しなくなる。これを繰り返しながら、次第に行動と結果の予測が一致してくると、学びは成立したことになる。

手続き記憶は、典型的には報酬への接近行動と罰からの回避行動を試行錯誤で学ぶ。予測された報酬と実際の報酬結果との差異、すなわち報酬予測誤差があると、それが驚きとなって学びを進行させる。したがって、いずれの場合でも学びは予測通りの結果がもたらされると終了することになる。

報酬と結びついた事象はしばしばセイリエンス（気づき）といって、特別な注意の対象になる。その興味を持った対象を求めて、それが手に入るまで繰り返し行動する。セイリエンスは、自分の興味を反映しており、それを獲得することが達成目標となり、様々な学びのきっかけにもなる。一方で目標と対象を誤ると、依存症などの問題行動のきっかけになることもある。

報酬でなく危険な事態が分かると、それを回避するように学びが進む。危険な出来事は、生命の危機につながる可能性もあり、意外な報酬と同様に特別な注意の対象（セイリエンス）となり、予想外の危険には、学びのきっかけとしての役割がある。扁桃体は、様々な感覚刺激や状況と危険な結果を結びつけて、状況に応じて戦う、逃げる、または逆に身動きできなくなり（フリーズ）、失神したりするという行動をもたらす。いわゆるストレスの反応である。

ある手掛かり刺激に対して、危険を予測し、行動が結びつけられると学びは終結する。危険回避やそれに伴う不安は、適切な対処ができる時には、様々な学びのきっかけになる。一方で不安のみが強く回避傾向が強まると不安神経症になり、環境に適応する行動ができなくなってしまう。

一方で、エピソード記憶は一般には一度きりの経験を記銘する。この点では手続き記憶と大きく異なる。しかし、一度きりの経験でも、それがどれほど意外で新規なことかによって、記憶の記銘に影響が生じる。例えば、東日本大震災のあった二〇一一年三月一一日午後二時四六分前後の記憶はエピソード記憶として強く残り忘れられない。一方で毎日の朝食については、繰り返しもあり、一週間前の朝食のメニュー等ははっきりと覚えていないことが多い。

ただ、新しい事実の記憶は、既知の事実との関連性をきちんと認識することで、記憶の定着しやすさが変化し、より強固で安定した知識になる。そのため、新しい事実を孤立した事実として記憶するよりも、既知の事実との関連性で位置づけると、関連づけられたこと自体が驚きや喜びとなって、記憶が定着しやすくなる。したがって、無意味な文字列の記憶より、既知の知識と関連したり、自分にとって意味のある物語になっていると、記憶の想起はぐっと良くなることが知られている。

海馬で処理されるエピソード記憶では、新規な記憶は想起されるたびに再固定化される。既知の強固な記憶と一緒に新規な記憶が再固定化されると、既知の事実から関連して想起されやすくなる。記憶された知識は一部を与えると関連する知識がまとまって想起されてくる傾向がある。関連性を持った形でいったん記憶が形成されると、脳は様々な状況で直感的に判断して行動できるようになる。

習慣的な判断は記憶が生み出す

これまで、長期記憶を明示的なエピソード記憶と暗示的な手続き記憶の二つの仕組みに分けて紹介してきた。しかし本来この二つの記憶の仕組みは同時に働くことも多い。ある認知的スキルを学んだ時、学んだスキルは手続き記憶ではあるが、その学んだ経験をエピソード記憶として捉えることもできる。スキル自体の学びには言葉もいらないし、明示的記憶がなくてもよいはずである。しかし、実際にはスキルを学んだ練習の経験を言葉で語りその意義を述べたり、自分の過去の練習を回想したり、今後の展望としてどのような練習をするかを考える場合が多々ある。こうした経験を語ることで、本来の暗示的(暗黙的)記憶が明示化され、アネット・カミロフスミスのいう暗黙知の再記述が起こる。

明示化され、意識化される際にはいったんパフォーマンスは落ちるが、さらに学ぶことでより高い学びへと変化する。自分の記憶の状況を客観的に語るメタ認知により、エピソード記憶などの明示的記憶と非言語的な手続き記憶は互いに協力し、学びが促進される。スキルや習慣の獲得は、本来は暗示的で意識されないが、明示化された記憶と連動する時に、本人のより主体的な学びに変わりうる。学習初期には明示的記憶を司る海馬も暗黙的記憶を司る基底核もともに活動することが知られている。

このように様々な文脈で繰り返し学ぶことで、特定の文脈だけでの記憶ではなく、様々な文脈で検索でき、想起できる長期記憶になっていく。何事も一万時間くらい学ぶとその分野のエキスパートになれると言われている。将棋や囲碁のゲームでは繰り返し学べば、やがてエキスパートになるであろう。医学を学び、症状や検査データから診断をする経験を積めば、医学者としてエキスパートになることができる。

このような特殊な専門職に限らず、日常の経験の中で、人は繰り返し繰り返し学習を行っている。すると大概の日常経験に関して、既知であるという感覚をもち、行動結果の予測ができるようになる。記憶脳には、試行錯誤を通じて多数のことを学び、あまり意識せずとも、既知の状況との類似性から判断を直感的に下せるようにする働きがある。多くの場合は、その判断までの過程を全く意識せずに自然と判断できるようになる。いわば自動操縦、オートパイロットとしての役割を果たしてくれる。

最近のウェブ上の検索では、個人の検索履歴などから、欲しい情報を予測して直ちに表示してくれる。これと同様に、我々の脳も置かれた状況での判断を脳が先取りして提示してくれる。多くの状況で、記憶脳はこれらの好ましい働きをしてくれる。しかし、この直感的判断は多くの場合は正しいが、元来が報酬接近や危険回避の原理に基づいて学んでいるために、状況によっては極めて不合理なバイアスをもたらすことになる。このことについては、章を改めて紹介することにしよう。

記憶脳と非認知的スキル

① 長期の記憶には、エピソードとしての一度きりの経験を記憶する明示的記憶と、似たような繰り返す経験によって学ぶ手続き的な暗黙的記憶がある。我々は生涯のうちに膨大な量の経験を記憶し、その中から明示的知識、または暗黙的なスキルとして、その人の得意とする分野で認知的スキルを形成している。通常はこの点に学びの多くの目標があると考えられている。しかし、脳は、同時に特定の分野によらない汎用的なスキルも非認知的なスキルとして学んでいる。

② 海馬の関係するエピソード記憶には、過去の回想記憶と、未来の展望記憶がある。エピソード記憶は過去から現在、未来をつなぐ、自分およびその周囲の断片的なエピソードの集合であるが、想起する時には一つの物語として再構築される。このような断片的な記憶情報から物語化する機能をナラティブ機能と呼ぶ。このナラティブ機能によって自分自身の回想や周囲の出来事を一つの物語として時間的に安定した概念に構成すること

③ 自己に関する認知であり、自分の過去や未来をどのように捉えて語るかは、客観的に自分の認知行動を把握するメタ認知と呼ばれる非認知的スキルの一つである。報酬に伴って記憶される手続きは、予想外の報酬をきっかけとして学ばれる。報酬と結びついた刺激や情報は、自分の好きになる対象となり、それを獲得するために報酬予測を立てて目標に接近するための行動を学ぶ。外から与えられる報酬もあるが、自ら望むことをすれば、それは内的動機づけと呼ばれる非認知的スキルである。どのような方向性で内的動機づけを行うかは、人それぞれである。それだけに様々な経験を通して自分が長く関わりたい学びの方向を見出すことは、学びを楽しくし、持続力にもつながる。これも非認知的スキルの重要な要素である。外的動機づけだけによる学びは、その動機が報酬であれ、罰や恐怖であっても、その外的フィードバックがなくなると、学びは止まってしまう。

④ この場合も、罰や恐怖などを通して学ぶ場合は、報酬と逆に回避行動を学ぶことになる。予測を立てて学ぶ。例えば人に会うことが怖く、広場に近づくと不安を感じるなど、現実に直面していなくても予測だけで回避行動をする。しばしば不安だけが自然と思い出されて、反芻するような思考状態がある。こうなると学びに集中できなくなる。情動面を調節するスキルは大切な非認知的スキルである。

⑤ 学習時以外の安静時や睡眠時に一過性の短期記憶を長期の安定した記憶にするために、

も、脳内では記憶の固定や整理のための活動が起こっている。このことから、学習は適切な間隔をとって継続的に行うのがよいとされる。脳のオフライン学習の時間を意識してつくることも、学習時間の確保と同様に大切である。

⑥ 記憶脳の働きで、その人の状況や行動、判断や感じ方が形成されると、それがまとまって行動特性となり、これが後で述べる個人の性格形成に影響を与える。性格も非認知的スキルの一つである。

◆コラム2　無意識の偏見をあぶりだす

記憶脳によって形成された記憶は、海馬で処理される記憶のように明示的な報告ができる記憶ではなく、報告できない暗黙的記憶がほとんどである。しかし、その中には運動、スキルなどの、暗黙知という以外に言いようがないような内容や、実際には言語化されないが、高度な認知的内容や判断が含まれている。このような直感的内容を引き出す方法として、マーザリン・R・バナージとアンソニー・G・グリーンワルドの潜在連合課題がある(図11)。

これは、中央に提示された対象をある規則で二種に分け、該当する左右のボタンを選択

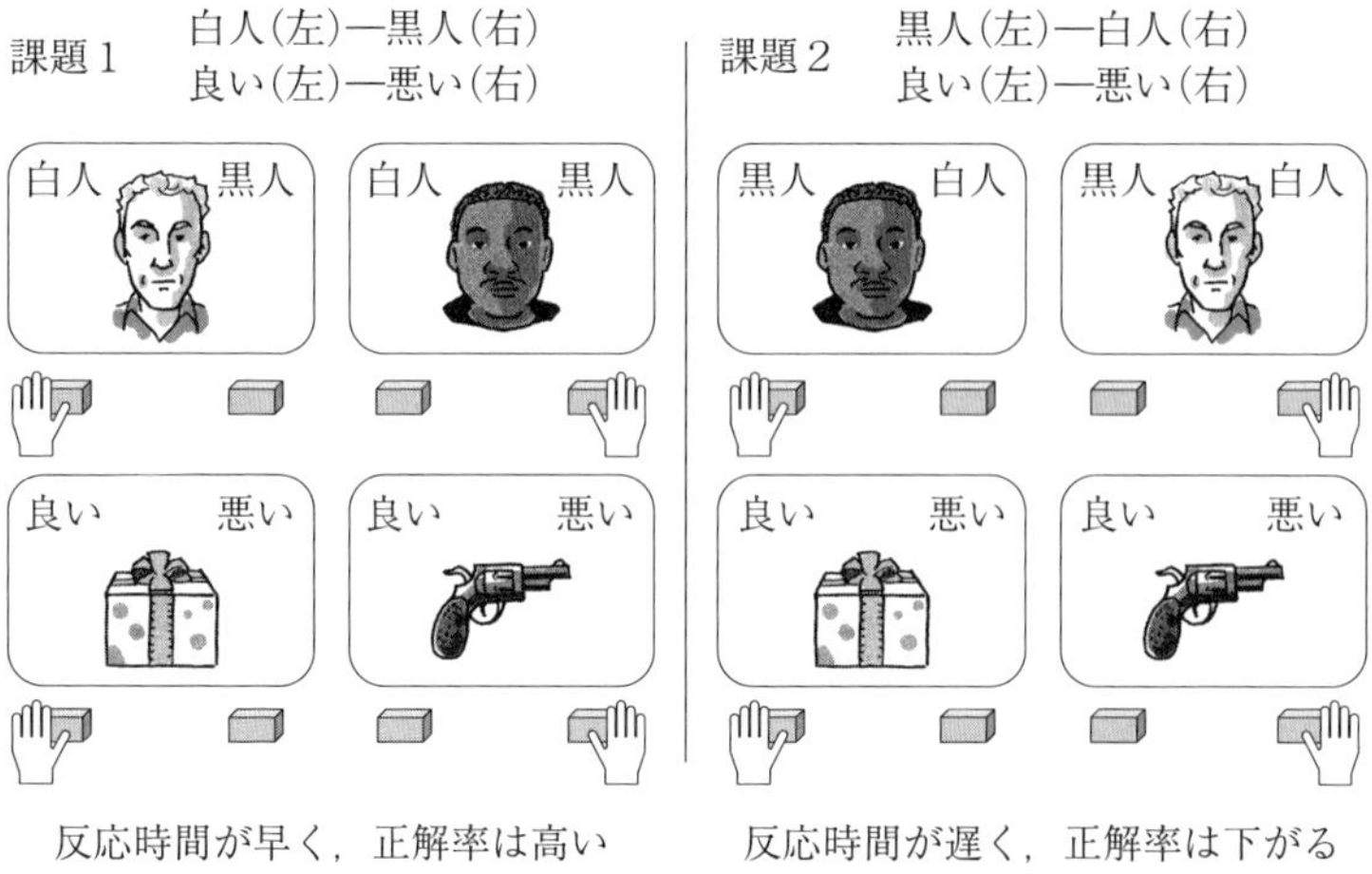

図11　潜在連合課題．対象を2つの判断基準で分ける課題

する課題である。ただし対象刺激は二種ある点がポイントである。二つの課題を被験者に回答してもらう。課題1は、与えられた単語を良い意味の単語(左)と悪い意味の単語(右)に分ける課題と、与えられた写真を白人(左)と黒人(右)に分ける課題である。課題2では被験者には同様の課題の一方を左右逆にした課題、すなわち、与えられた写真を白人(右)と黒人(左)に分ける課題を行う。気づかれると思うが、最初の課題1では白人と良い単語が左、黒人と悪い単語が右である。後の課題2では黒人と良い単語が左で、白人と悪い単語が右である。評価は回答に要する時間と正解率で評価される。

この二つの課題は全く対称的な課題なので、課題1と課題2の成績は同程度であると期待される。しかし実際には、白人を対象とした研究であるが、課題2は課題1に比べて有意に成績が悪かった。このことの説明としては、白人—良い、黒人—悪いという結びつきが既に暗黙的に形成されているため、逆の判断をする課題で判断に時間がかかり、誤答が多くなると考えられている。意識的には自分には人種偏見は無いと否定していても、このテストを行ってみると白人—良い、黒人—悪いという偏見が無意識のレベルで自分の判断にあることに驚かされる。

このようなテストで脳はどのような活動をするのであろうか。こうしたテストでは急いで回答することを求められるため、記憶脳で形成された反応習慣に従った認知的バイアスがある側に直感的に早く反応をしようとする(認知バイアスについては次章で詳しく説明する)。しかし認知バイアスによる反応とルールで求められる反応とが異なることに気がつくと、まず気づきネットワークが、二つの認知の間に不協和(認知的不協和)があり、互いに拮抗した反応を引き起こそうとしていることを検出し、さらに執行系ネットワークが、直感的な反応を抑制して、正しい判断をする。そのため、その抑制に失敗したり、成功しても反応時間が伸びることになる。すなわち白人—悪い、黒人—良いの課題では回答を間違えたり、正解しても時間がかかる。

このような無意識の偏見(バイアス)の有無を定量的に調べるテストは、工夫次第で他にもいくらでも考えられる。多くの偏見では、自分たちと異なるグループとしていったんラベル化すると、自分の属するグループ(我々)とは異なるグループ(彼ら)と無意識に区別して認識される。そのために、ラベル化された人は明示的には公平に扱われるはずであるが、暗黙的には対人関係で偏見を持たれ、社会的な差別を受ける原因になる可能性が高い。

さらに、区別される特徴が明示的な場合には、人々は、しばしばスティグマという烙印、レッテルを社会的に与えられ、様々な差別を受け、社会問題となっている。

無意識に形成された偏見や先入観は容易に解消しないことが知られている。人は自分の持つ認知バイアスに都合の良い情報を集める傾向もあるため、これが先入観をさらに強めることがある。このような行動を確証バイアスという。さらに自己奉仕バイアスといって、人は一般的に自分の能力に対して平均以上の能力があると根拠なく信じる傾向があり、その結果、自分の判断は正しく、他人の判断は間違っていると思う傾向がある。そのため様々な判断に認知バイアスが紛れ込む危険性があるが、これに気がついて自己修正することは意外に難しい。さらにたちが悪いのはバイアス盲目といって、自分には判断の偏りがないとして、認知バイアスに全く気がつかないことである。

自分の認知バイアスに気づくこと、すなわちメタ認知がバイアス回避の第一歩である。

3　考えなおすことを学ぶ——認知脳

記憶脳での学びの結果として得られた一群の自動的・習慣的な行動は、適切なきっかけがあれば想起・再生される。日常の多くの事態への判断や行動は、この記憶の仕組みで十分なことも多い。しかし習慣的な行動や判断は、状況の影響は受けるが、感覚入力と行動出力の関係が決まった比較的固定的な反応の集合である。その結果、行動する文脈次第では最適な行動を選択できないことが起こりうる。これを避けるためには、記憶脳の提示する直感的な判断に対して、判断の選択肢をより広い文脈の中で捉えなおし、より柔軟性のある望ましい判断や行動ができるようにすることが必要で、このために認知脳が登場することになる。

日常生活では、我々は多数の情報に囲まれている。そのような状況で、より合理的に判断をするためには、何に気づき注意するかがポイントとなる。ところが注意の向け方（脳科学ではこれを注意という）にはいくつかの異なる様式があり、脳内の機構も異なる。そのため、注意の制御では注意対象の選択のみならず、注意の様式の選択や切り替えが鍵となる。この章ではこうした脳の働きを見ていく。

記憶と認知のせめぎ合い――認知バイアス

記憶脳は、報酬接近と危険回避などが基本的な原理であるため、課題の提示の仕方の影響を受けやすく、合理的でない行動をもたらすことがある。これは認知バイアスとして知られている。その一つの例としてダニエル・カーネマンとエイモス・トヴェルスキーらのみつけたフレーム効果を紹介する。

被験者は一〇〇ドルもらい、二つの選択肢の間で得になると思う方を選択するという課題が与えられる。最初の設定は、

選択肢①では確実に四〇ドル得られ、
選択肢②では四割で全額保持できるが、六割では全額失う
というギャンブルになっている。次の設定では、
選択肢③では確実に六〇ドル失い、
選択肢④では四割で全額保持できるが、六割では全額失う
というギャンブルになっている。

最初の設定はお金がもらえるということを意識させた利得フレームであり、この場合は選択肢①を選択し確実に利益を得ようとする人が多い。ところが、次の設定のように金額を失うということを意識させた損失フレームで選択させると、逆に選択肢④のギャンブルを選ぶ

傾向が高くなる。実際には、選択肢①、②、③、④の期待値はすべて同じで、どちらを選択しても損得の期待値に違いはない。では、なぜ利得フレームと損失フレームで選択に偏りが出るのだろうか？

人は一般に損失に対して過度に敏感で、損失が回避できるなら多少のリスクを冒しても絶対に損失をしたくないと感じ、損失フレームではギャンブルというリスク追求の選択をする。一方で利得フレームでは、利得にはあまり感度が高くならないため、より高い金額獲得の可能性のあるギャンブルには興味を示さない。すなわち金額の主観的価値は利得と損失で感じ方が違うという非線形な関係である。そのため、利得のフレームではあえてリスクを冒さず、確実に利得を得る側、すなわちリスク回避を選択することになるのである。これはカーネマンとトヴェルスキーの有名なプロスペクト理論の利得と損失の非対称性に基づくが、これを記憶脳の基底核と扁桃体の働きが示す不合理性と考えることもできる。

記憶脳の自動的な判断にはこうした損失・利得などの文脈が大きく影響する。その結果、これが認知バイアスとなるという欠点がある。認知バイアスは多くの人の行動で観察され、人間は基本的に合理的な判断をするという前提が間違っていることが、最近の行動経済学の進歩により明らかになってきた。認知バイアスには法則性があり、人が認知バイアスで取りやすい行動は予測できる。記憶脳で働く扁桃体、基底核、海馬は文脈に依存して想起が起こるために、多くの場合は正しい判断でも、条件次第ではバイアスがかかってしまうのだ。認知バイアスを避けるには、まずは判断結果の対立などへの感受性が大切であり、気づきネットワークが違和感に気づくことが避けるきっかけになることが多い。

ルールに従った分析的思考とナラティブ思考

認知脳の中でも主要な前頭前野は、眼窩、外側、内側の三つに分けて理解すると分かりやすい。

眼窩前頭前野は、様々な情報に基づいて、対象、行動の損得を、短期的な利得より長期的な利得という長い時間尺度で判断し価値づける働きに関わっている。また、この部位は、衝動的な行動傾向を一時的に抑制し、判断のために時間稼ぎをして衝動的な行動を抑える。その結果、感情的な因子による認知バイアスに基づいた行動を避け、長期的な観点で合理的な行動を選択するのに重要な役割を果たしている。

眼窩前頭前野の損得の判断では、実際に経験中の身体反応（ドキッとした、冷や汗をかいた）などの身体情報も含めて判断している。この情報はアントニオ・R・ダマシオらによってソマティックマーカーと命名されている。このような情報は感覚運動ネットワークからだけでなく気づきネットワークからも眼窩前頭前野へ伝えられる。自分の情動をきちんと受けとめ評価することで合理的な判断に導くということは、情動と理性を分けて考える従来の人間像では考えにくいが、実は情動と認知は互いに相互に影響し合ってこそ最も良く働く。眼窩前頭前野障がいで有名なフィネアス・P・ゲージ氏は、知能は正常でも、衝動的で行動を制御できなくなり、社会的に適応できなくなった。

外側前頭前野は、様々なルールを記憶しており、行動の目標に応じて作業記憶を使って複数の行動計画を検討し、先読みを行い、これから行う一連の行動の決定に関わる。左半球であれば言語野があり、言語や数学を用いた分析的思考に関わる。一方、右半球では空間化、具象化した思考が得意である。このように、前頭前野の外側は、対象をカテゴリー化したり、抽象化したりする能力に関わる。数学や、数の処理などは、特にこのような能力に依存している。数量的処理、論理的推論は科学における必須な思考である。こうした対象を目的に合わせてカテゴリー化、数量化する分析的思考は、収束的思考と呼ばれる思考の代表的なものである。

その内側の内側前頭前野は、頭頂連合野の内側と一緒になって基本系ネットワークを構成する。このネットワークは海馬との関係も深く、過去の様々なエピソード記憶を断片から一連の物語として回想したり、将来の展望記憶などを構成することにも関わっている。さらには、自分のエピソード記憶以外でも、ある出来事の集まりを一連の物語として捉えたり語ったりする、いわゆるナラティブ機能に関わっていると考えられる。

ジェローム・S・ブルーナーは分析的思考に対立させてナラティブ思考の重要性を指摘した。このナラティブ思考は定性的な思考で、偶発的なエピソードから構成された一連の物語に基づいた意味づけ（センスメイキング）を行う思考である。論理的な関係より、むしろ逸脱したり例外的なものにより重要性を見出し、理解しようとする認知過程である。分析的なルールに従う思考と異なり、一つの物語をつくりあげることには、必ずしも一定の正解は無い。こうした発散的思考とも呼ばれる思考では、断片的な知識や情報から、本来そこに無い情報を付け加えて新しい物語を構成するナラティブとして、対象を捉えることになる。したがって、分析的思考とナラティブ思考の対立は、執行系ネットワークと基本系ネットワークの働きの違いの一部を反映していると思われる。

狭い範囲への注意と広い範囲への注意

意識的に処理できる情報量には限りがあるため、多数の対象から関心のあるものを選び出す注意と呼ばれる認知過程が重要である。注意機能は向ける範囲の大きさで二つに分けることができる。一つは狭い範囲への注意で、通常一つの事象を取り上げ選択的に注意するという制御である。多数の無意味な刺激に囲まれた中で、重要な情報に集中することは大切な能力である。もう一つは広い範囲への注意で、複数の事象を同時に対象とする。ただし、一般的には同時に追跡できる注意対象の数は数個に限られている。その限界を超えると注意対象にならない対象が生じ、たとえ大きな変化であっても全く気がつかないことがある。このような例としてダニエル・サイモンらの「見えないゴリラの実験」を紹介しよう（図12）。

図 12　見えないゴリラの実験．集中すると大きなものを見落とす

被験者は、多くの人がバスケットボールをパスするビデオを見て、パスの回数を数えることを課題として告げられる。その課題をやり遂げるために、被験者は人物が移動しながらボールをやり取りする映像を一生懸命見て、パスの回数を答える(図12左)。その後、他に気づいたことはなかったかと問いかけられる。多くの人は、他には何も気づいていない。しかし再度ビデオを再生して見てみると、実は途中で多くの人に紛れてゴリラが登場し、胸を叩いて誇示して、去っていく映像があったことに気がつく(図12右)。

パスの回数を数えるために、ボ

ールの動きだけに注意を向け、他を無視する。これが狭い範囲への注意であり、ゴリラの登場といった大きな変化でも、自分自身でフィルターをかけて無視し、見逃してしまう。だからといって、最初からすべての事象を注意して追求できるかというと難しい。一般に広い範囲への注意では、脳の認知機能に対してかなり負荷がかかっており、疲れやすく、長い時間維持することは困難である。

注意の範囲を狭くするか広くするかは、取り組む課題と自分の状況という行動の文脈で決まってくる。行動の目的や自分の知識が明確で、外界に期待する情報もはっきりとしている時には、狭い範囲への注意で作業ができる。目標に従ったトップダウン注意によって入力情報をフィルターで選別し、必要な情報だけ選択することで容易に作業が進められる。一方で、行動の目標や自分の知識が不明確な場合は、環境からの情報のどれが重要か分からない。そのためボトムアップ注意で、くまなく外界情報をモニターしながら情報探索することになる。したがって広い範囲への注意を向けることになる。

外的注意と内的注意

注意に関しては、注意を向ける方向性によっても、大きく二つに分けられる。すなわち注意が外界へ向けられる外的注意と、記憶などに向けられる内的注意である。執行系ネットワークは、多くは外的注意に関した課題で活動する。多くの注意対象の中から関心によって対象を選び出して注意を向けるので、マインド・フォーカシングと呼んでもよい。一方で、自分の過去の記憶を探索したり、展望的な未来を考え内的な情報に注意を向けて探索したり、自由に思考するのは内的な注意による。これはマインド・ワンダリングなどと言われ、この時には基本系ネットワークが活動する。

外的な注意に関わる外側システム（執行系ネットワーク）と内的な注意に関わる内側システム（基本系ネットワーク）はしばしばシーソーのように対立的に働く。例えば課題が難しく、自分の能力に対してチャレンジとなる課題では、注意を集中させて、執行系ネットワークが強く活動している。一方で簡単に解ける問題では、作業は片手間にできるので、頭の中では課題に関係のないことを自由に想像し、マインド・ワンダリングの状態になってしまう。そのような時には、執行系ネットワークの活動が低下して基本系ネットワークが活動してくる。

一方で執行系ネットワークと基本系ネットワークが一緒に協力的に働く状況もあることが最近判明してきた。その状況とは、内的注意と外的注意の両方が必要で、しかも内外の広い範囲に注意を向けさせる必要があるような状況である。その一例が*N*バック課題と呼ばれる課題である。

この課題では、文字や空間刺激、音刺激などが一つずつ与えられる。1バック課題では現在の刺激が一つ前の刺激と同じ場合に、2バック課題は現在の刺激が二つ前の刺激と同じ場合に反応することが求められる。さらに3バック課題では三つ前の刺激と同じ場合に反応する。これらの課題では、現在の刺激に注意し記憶するとともに、以前の記憶との異同を判断するために記憶を検索することも必要である。

このような課題では1－2－3バックとより過去の記憶との照合を求めることで認知的負荷が増えてくると、基本系ネットワーク、執行系ネットワークも含めたネットワーク全体の動的再編成が起こることが知られている。そして通常の多くのネットワークがそれぞれ独立して活動する状態から、互いに協力的に活動するようになり、より統合されたネットワークとして働くようになる。

重要なのは注意の切り替え

注意は、さらに一つの対象に向かう選択的注意と、複数の対象に同時に注意を向ける分割的注意に分けられる。忙しい現代では、人々は、複数の仕事を同時にこなすマルチタスクと呼ばれる状況で、分割的注意の状態になることが多い。歩きながら携帯電話を操作し、メールをチェックしながら食事を取る人もいる。しかしマルチタスクの状況は脳の働きからすると、実はあまり効率の良い使い方ではないことが分かっている。なぜなら、マルチタスクの際には、脳はそれぞれの課題の間を早く切り替えているに過ぎないので、注意に盲点が生じることと、また、切り替わった際には再度課題に対応するには十分な脳の準備ができていないため、シングルタスクの時よりもパフォーマンスが低下しやすいからである。

課題に取り組んでいる時には、これまで述べてきた、狭い注意、広い注意、外的注意、内的注意を戦略的に適宜切り替えることではじめて、状況に応じた深い学びができる。外的注意で見つけた一つのことから、内的注意により連想できる既知の知識を思い出したり、さらには発散的で広い注意に切り替えて他の解法について考えたりする。候補となる多数の解法を思いついたら、正しいかどうか、ひとつひとつ詳細な注意を向ける。このように広い範囲に注意を向けて改めて周囲を見直したり、別な視点から課題を見つめ直すには、能動的に注意の向け方を切り替えることが重要であり、学びの効率化に大変有効である。

このような柔軟な注意の切り替えは、非認知的スキルであるが、特定専門分野の認知的スキルの学びを深めることも促すであろう。マルチタスクで無関係なことを並列して行うと、注意も分割され、ひとつひとつの注意の質が低下し、深い学習のきっかけが失われる。注意が分割されるのを避けたとしても、注意を交互に短時間にスイッチすると切り替えの認知負荷が増えてしまい、かつ注意の中身も表面的になるため、かけた時間の割には効率が悪い学びになってしまう。

認知脳と非認知的スキル

①記憶脳による直感的判断は、正しいこともあるが、記憶に基づいた習慣的な思考や行動が認知バイアスを生む原因であることが、分かってきている。このようなバイアスに抵抗して、自己統制して行動を変更することは、非認知的スキルの大切な面であり、記憶脳と認知脳が対立を招く状況である。直感的判断は短絡的に結論に達するが、このような対立や違和感に気づいたら、衝動的に行動せず間をおくことで、時間のかかる分析的思考が参加して、より合理的な判断ができるようになる。

②注意力の維持や注意のタイプ(トップダウン注意、ボトムアップ注意、内的注意、外的注意)を切り替えるスキルは、非認知的スキルの重要な機能の一つである。集中力は定期的に揺らぐことを知ることが大切である。集中しているマインド・フォーカシングと、ぼんやりしながら注意範囲を広げたマインド・ワンダリングの状態は、シーソーのように揺らぐことも承知しておくとよい。適度に休む、ぼんやりする時間を積極的にとる、場所を変える、活動の種類に変化をつけるなどすることで、注意力の低下を防ぐことができる。

③思考は、大きく分けて分析的思考、すなわちカテゴリー化し論理や数量的な関係や物的因果関係で理解する科学的理解と、ナラティブ思考、すなわち事例や断片的エピソードから物語を構築する物語としての理解に分けられる。これらは一見対立的であるが、実は両者は相補的な学びのスタイルである。状況に応じて適宜思考スタイルを切り替えることも、重要な非認知的スキルである。

◆コラム3 そのことを考えずにいるのは難しい

何かの認知課題に取り組む際には、主に執行系ネットワークが働き、基本系ネットワークは、逆に活動が低下する。そのため基本系ネットワークは課題ネガティブなネットワークともいわれる。通常、課題が終了すると基本系ネットワークが活動するが、課題中に基本系ネットワークが活動すると、課題のパフォーマンスが低下する。このような対立関係を見る興味深い課題がある。その一つがダニエル・ウェグナーの行ったシロクマ課題である(図13)。

この課題では最初にシロクマのことだけに集中して考えた後、五分間シロクマのことを考えないように指示され、頭に浮かんだ物事を次々と声に出すように指示を受ける。する

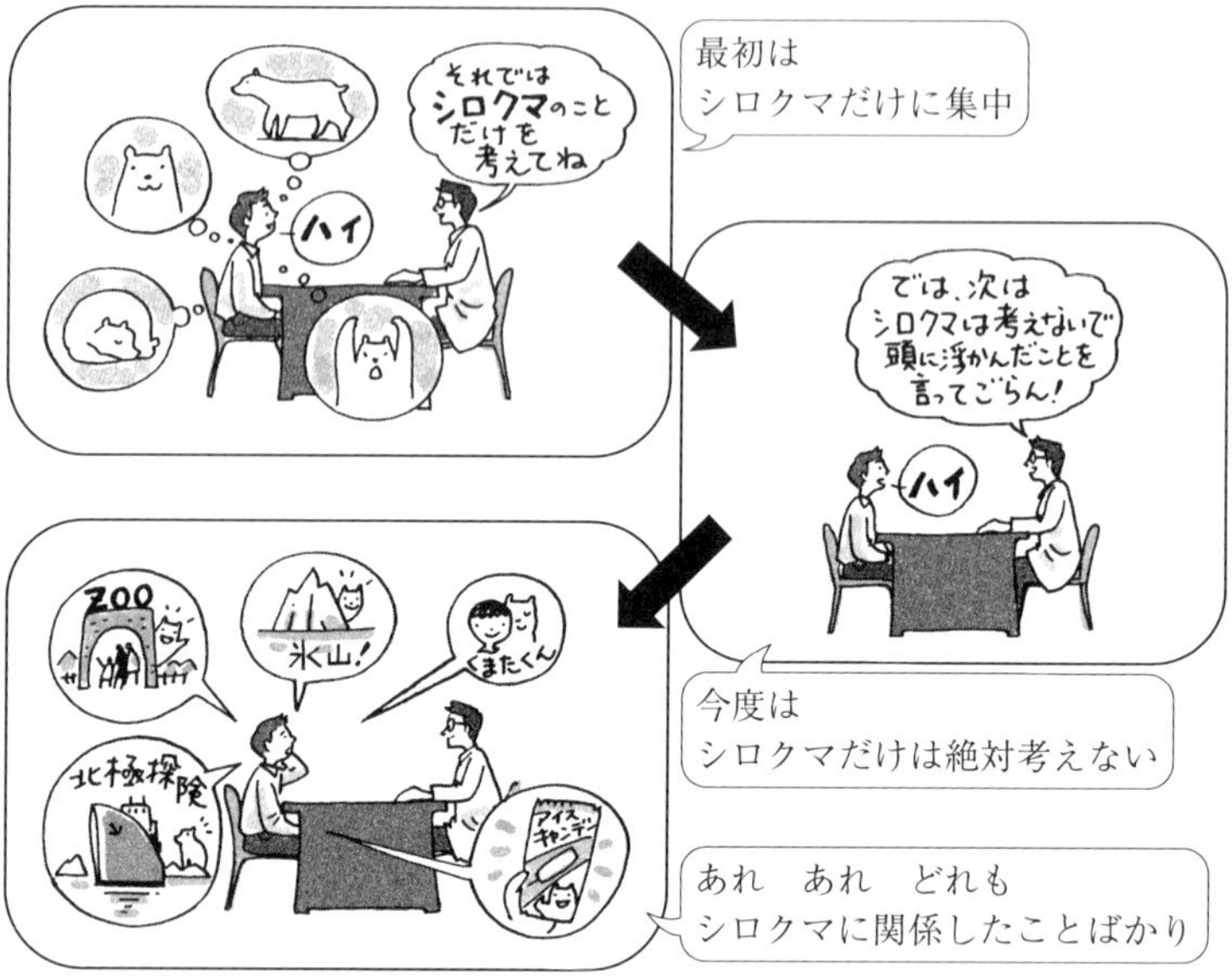

図 13　シロクマを考えるなと言われるとますます気になる不思議な現象

と何度もこの白いクマに関連したことが浮かんでしまう。被験者は浮かびそうになるたびに関係のない対象に注意を向けようと努力することになる。

このような課題の遂行中には、執行系ネットワークと基本系ネットワークとが切り替わりながら一方のみが（これを相反的にという）活動していることが知られている。ターゲットとなる思考対象（シロクマ）は執行系ネットワークによって抑制され、基本系ネットワークの活動はそれに伴って低下する。両者は対立的な活動を示すが、執行系ネットワークが低下する時がいつかは必ず来るので、その時に基本系ネットワークの活動が高まり、禁止されているシロクマのことがふと思考に入ってきてしまう。また相反した思いを無理やり制御しようとすると気づきネットワークも活性化してくる。

ウェグナーはこの思考抑制の過程を皮肉なリバンド効果と呼んだ。彼は実験結果から、ターゲットの思考侵入をモニターする仕組みと、それを阻止して他に思考を振り分けるオペレーターの仕組みを想定している。実際、脳科学的にはモニターの仕組みは気づきネットワークに対応し、思考を振り分けるオペレーターを執行系ネットワークに対応させて考えると分かりやすい。認知的負荷が加わっていたり疲れていたりすると、オペレーターとしての執行系ネットワークがうまく働かず、自己統制に失敗して、シロクマのことが思考の中に入ってきてしまうのだ。

シロクマ課題はおもしろい現象であるが、基本系ネットワークは自己に関わる多くの思考に関係することから、これらが学習を阻害する因子としても関与する場合もある。例えば、自分の意に反して、不安あるいは不快な考えが浮かんできて、抑えようとしても抑えられない、考えを打ち消そうとしても、ますます気になってしまうというようなことが起こる。こうした状況では、学習に向かうことも難しくなる。

このような思考の抑制は通常は自己統制で制御できるが、対処の仕方としてはもっと良い方法が考案されている。それは、そのような望ましくない思考を抑制するのでなく、そのような思考の存在を受け入れた上で、他の行動に注意を振り当てることを学ぶ方法である。マインドフルネスという瞑想方法は、「今」「ここ」に注意を向けるものである。熟練した瞑想者では、瞑想によって基本系ネットワークの活動が適正化することが知られている。

4 他人の視点を学ぶ――社会脳

これまでは、主に個人の学びに関した仕組みについて述べてきた。しかし実社会では協働で、すなわちコラボレーションで問題を解決するような状況も多い。例えば何らかの機器を開発したい時、材料に詳しい人、使われる現場に詳しい人が協力して一つの製品を開発する。現場でのニーズが分かっても、どのように材料加工して製品にするか、使い勝手、製造方法などは、一人の知識や技能では解決できないが、協力することで最適な方法を見つけられれば実際に役立つ。

しかし協働することで各個人の能力以上のことをするのはそう簡単でない。他者の視点を認めたり、自分と他者のどちらかという競合でなく建設的な解決を見出す。そうした協働的な学びを重視する現代の教育方針には、現場での人材のニーズが反映されている。一つの製品にも、工学、科学、さらにはデザインなどのアート、どのような宣伝が人にアピールするかについての人文科学など、各種専門家の協働作業が不可欠である。協働についての学びには個人の学び以上に、互いを理解する共感性をはじめとした、他者の視点を利用した新たな学びが求められる。

共創的思考と集団思考

数年にわたる協働作業がノーベル経済学賞につながった有名な例として、第3章でも登場したカーネマンとトヴェルスキーの仕事を紹介しよう。

カーネマンとトヴェルスキーは、一九六八年ころから共同研究を始めた。当時一台のタイプライターを二人並んでタイプしながら作業し、どちらも議論好きで、一日数時間に及ぶ作業を数年続けていた。トヴェルスキーは、論理的で理論を重んずる傾向があり、カーネマンは直感的で感覚や知覚心理学の経験を重視する傾向があった。二人の研究姿勢の違いが協働作業では相乗効果をもたらした。

論文の筆頭著者を決めるのもコインを投げて決めるくらいで、二人でいる時には、打ち解けて様々な意見を交わしていたという。そして三〇回ほど改訂した後、一九七五年の春に、後にノーベル賞につながる認知バイアスの論文を発表した。カーネマンの著したトヴェルスキーとの共同研究の回想録でも、どちらがどう貢献したというより二人が一つになって行った仕事であるということがよく分かる。

カーネマンとトヴェルスキーの事例では、個人の能力の和以上のものが二人の成果として達成されており、まさに共創的な成果である。

一方で集団として働いていても、人同士に特有な相互作用のダイナミクスの結果、集団としては構成する個人の能力以下になってしまう場合も知られている。いわゆる集団思考（グループシンク）である。

例えばアメリカがイラク戦争を行った際には、イラクに大量破壊兵器があるかどうかの情報収集や分析活動において、情報が不確定なまま、開戦に向けての意思決定がどんどん進んでいった。当時の意思決定に関わった関係者は、比較的閉鎖的だが団結力のある集団であった。権威あるリーダーと仲間との意見のずれを恐れる同調者たちから構成された集団では、多様な意見が出にくい。そしてリーダーの意図を読みながら、都合の良い情報だけを集め、他の意見を無視して、ますます自分たちの意見を強める確証バイアスという錯誤に陥りやすい。結果として、人数がいるのに偏見やバイアスのかかった意思決定しかできないことになる。これが集団思考である。このような例は実は身近にもいろいろと存在する。

人が協働作業をしても、そこでの成果が個人の能力の和以上になるか、逆に相殺され一人の判断より悪くなるかは、社会性に関わる能力をいかに発揮するかにかかっている。強過ぎる同調性があるのも、独自性だけを前面に出すのも、集団での学びには適さない。こうした社会的能力に関わる神経基盤を検討してみよう。

三つの共感性

他者との協働では、まず他者をある程度理解することが前提になる。その能力がいわゆる共感性である。共感性をもたらす脳の仕組みについては、近年急速に理解が進んできている。共感性には三つの側面があることが知られている。すなわち、感覚運動的、情動的、そして認知的な共感性である。

一つ目の感覚運動的共感と二つ目の情動的共感については、すでに第1章で学習脳0（身体脳）として説明をした。再度述べると、感覚運動的共感は、動作や表情の模倣、すなわちミラーリングなどによって、他者の意図や情動を理解するというもので、生後間もない時期でも限定的であるが認められる。このミラーリングのシステムは感覚運動ネットワークの特に運動前野と頭頂連合野にあることが知られている。

二つ目の情動的共感は、例えば他者の身体へ向けられた痛みや刺激などを、映像として見ただけで自分の身体の痛みのように感じたり、実際に自分に向けられた感情でなくても、具体的な他者の情動表現を見るだけで悲しみ喜びなど様々な情動に共感する仕組みである。痛みの情動には、社会的仲間外れなどによるストレス等も含まれる。これは身体脳で述べたように、養育者との愛着関係や、分離に伴うストレス等として、乳幼児にも認められる。情動的な共感は、自分の属するグループの他のメンバーに対して一番強く感じるが、関係が遠くなるにつれて共感の度合いも弱まることが知られている。

情動的共感性の構築には、気づきネットワークの前帯状皮質、島皮質などが関係している。この場所は信頼性の形成に関わるとされ、ポール・J・ザックによって紹介され注目されているオキシトシンが作用する場所でもある。ストレスの際の社会的支援は支援者、被支援者ともにオキシトシン分泌を促し、ストレスに対する抵抗性を発揮することから、情動的共感性はストレスに対する回復力であるレジリエンスにも関わる。また、オキシトシンの分泌や受容体の遺伝子多型性が愛着形成や共感性の能力に関わるという研究もある。ただ、オキシトシンなどの作用は同じグループ内では集団への共感性を高め協力的になるが、外グループすなわち外集団への共感性は下げ、防衛的行動になることも知られている。また、グループ内では、グループ外の個体より、あくびが移りやすいといった興味深い事実も判明している。

三つ目の認知的共感性は、他者(のそれぞれ個人)がどう考えているか(信念という)を理解する共感性である。サイモン・バロン＝コーエンらの行ったサリーとアンの課題と呼ばれる、有名な認知的共感性を調べる検査を紹介しよう。

この課題では、サリーが舞台の上でまず自分のボールをバスケットに入れて、退場する。次にアンが、サリーの戻ってこないうちに、そのボールをバスケットからボックスに移動させる。アンが退場した後でサリーが舞台に戻ってくる。さて、サリーはバスケットとボックスのどちらを探すだろうか？

もちろん、サリーはボールの移動を知らないはずだから、自分がしまったバスケットを探すはずである。あなたは現在どこにボールがあるかを知っているが、サリーとアンがボールがどこに入っているか(バスケットに入っているかボックスに入っているか)に関して異なる信念を持っていることを理解できるだろうか。この点がポイントである。

このような認知的共感性には、基本系ネットワークとして知られる前頭前野内側前方、頭頂連合野内側部が主に関わっている。この認知的共感性は、個々の人が独自の心の信念を持っているという「心の理論」に基づいて、人々の心の中身の多様性を理解する能力である。

共感性は対人関係の上で相互理解のためのとても大切な働きである。しかし情に流された共感性は必ずしも良い結果をもたらさない。共感によって他者と自己の感覚や感情がお互いに共鳴し合って一つになってしまう傾向がある。共感性は自分の属する特定のグループ(内集団)へは強く、一方で自分の属さない他のグループ(外集団)に対しては弱く、さらには葛藤や敵対を強め、非人間的な行動に至る場合もある。このような内集団と外集団への態度の違いは認知バイアスとなり、社会にとってはグループ間の対立を生み、道徳的にも問題となる。

共感は相手の意図を理解し合う最初の入口ではとても大切であるが、協働作業など広がりを持った他者との活動では、グループ内の特定の一人への共感だけでなく、グループに属さない周りの人へも配慮することが求められる。さらには目の前にいない人々の存在も想像しながら、多様な他者の存在を前提にしなければならない。協働作業では、このような多様性を重んじる共感性が大切である。

物にも共感する

共感性は、人を対象とした心の働きと思うかもしれない。しかし認知的共感性は、人への共感のみではなく、無機物に対しても発動することが知られている。対象を人のように心を持ったものとみなすと発動するようだ。このことを示す良い例が知られている。

「ハイダーとジンメルのアニメーション」の例を紹介しよう（図14）。最初に、四角い大きな枠の中に大きな三角がじっとしている。しばらくすると小さな三角と小さな丸が現れ、小さな丸と小さな三角は一緒に動いたり、くるくる周ったりし、その動きは仲の良い二人が遊んでいるように見える（図14の1）。そのうちに大きな三角が四角い枠のドアのような部分を開けて外に出て、小さな三角に近づく（図14の2）。小さな三角と大きな三角は角をぶつけ合って

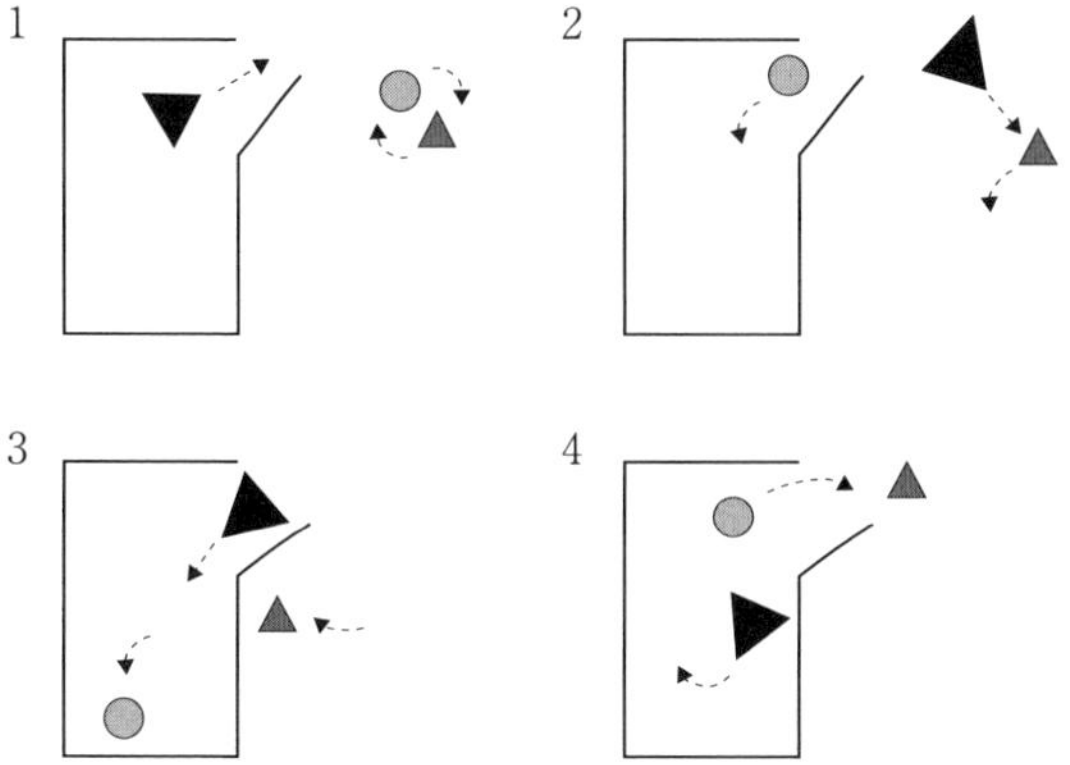

図 14　ハイダーとジンメルの幾何学図形の動画

は離れる。次第に大きな三角は小さな三角に強くぶつかり、小さな三角は遠くまで飛ばされる。さらに大きな三角は小さな三角を繰り返しはね飛ばす。小さな丸は怖がって大きな四角い枠の中にドアから入って身を隠す。しかしそれが大きな三角に見つかり、今度は大きな三角もドアから入ってきて(図14の3)、ドアを締めてしまう。小さな丸は後ずさりをして大きな三角から離れるが、隅に追い詰められる。小さな三角はドアをそっと開けて小さな丸を救出する(図14の4)。その後、小さな丸と小さな三角は再会を喜び一緒に回ったりしながら去っていく。大きな三角は外に出てくるが小さな三角が見当たらないので怒り出し、大きな四角の枠に体当たりをして四角い枠を壊してしまう。

このアニメーションに対する印象は通常上記のように、擬人化して心のある対象として解釈する人が多い。その上で大きな三角は意地悪だとか、小さな三角と小さな丸は仲良しだとか、性格や関係性にも言及する。しかしこれらを単に幾何学的な移動として捉えて、単に物理的な回転運動、線形移動運動の組み合わせとして解釈する人たちもいる。

同じような課題で、心を前提とした心理的解釈と物理的な解釈のどちらの傾向が高いかを数量化し、その程度を脳活動と比較したマシュー・D・リーバーマンらの研究では、心を仮定して解釈する人ほど基本系ネットワークの活動が高いことが認められた。一方で物理的な解釈に関しては、相対的に外側の執行系ネットワークの活動が高い。このように、基本系ネットワークと執行系ネットワークは、対象に対する心の構え方が心理的か物理的かという点で、同じ対象を見ていても活動が異なる。対象をどのようにみなすかという心の態度によって、両者の活動が違うことは大変興味深い。

一方で相手が人間であっても、自分の属さない外のグループに対しては、心を持つ他者への共感性が、低くなる傾向がある。最悪の場合は、人に対して共感性ゼロの態度を向けることもある。その場合、基本系ネットワークは対象が事物の場合と同じように活動が低下する。サイコパスや集団殺戮《さつりく》などは、共感性が無いか、内集団と外集団への極端な態度の違いが原因として考えられる。

他者の視点で考える力

認知的な共感性は、自分が他者を理解するということだけでなく、他者の視点で事態を理解するということでもある。人には基本的に自己の視点から見つめる自己中心性があり、他者の視点で考えるということは明示的に言われないと気がつかないことが多い。そのような能力を調べる課題としてサラ＝ジェイン・ブレイクモアらのディレクター課題がある(図15)。

この課題では、棚に様々なサイズの複数のボール(野球ボール、サッカーボール、バスケットボールなど)が置かれている。棚の一部には裏板があり、棚をはさんで向こう側とこちら側では見えるボールが違う。こちら側から見える最大のボールはバスケットボールである。しかしバスケットボールのある棚には裏板があるために、棚の向こう側からは見えない。この状

図 15　ディレクター課題．他者の視点で判断できるか

況で、被験者は、こちら側にいるディレクター、または向こう側にいるディレクターから、自分(ディレクター)に見えている最大のボールを選ぶように指示される。

　自分と同じ側のディレクターからの指示の場合は、自分の視点(自己視点)と同じなので、自分が見ている最大のボールを単純に選べば良い。しかし向こう側のディレクターが指示する時には、自己視点とは異なる他者の視点(他者視点)となるため、相手の視点から見えるボールを考えて、選択することになる。

　このような他者視点と自己視点を切り替えて回答する課題では、青年期以前と以後では反応時間に差があり、若い人ほど、他者視点への切り替えに時間がかかることが知られている。この結果は、社会脳で求められる他者の視点で理解する社会性の能力は発達する時期が遅く、青年期以降に進むことを表している。

　他者視点で理解することには、基本系ネットワークが関わることが知られている。頭頂連合野下部は，刺激されると身体の位置などを異なる視点で感じるなど，体外遊離のような体験をすることが知られており，まさに外に視点を持って捉えることに関わる。また他者視点で情動を評価する時には人は自分の気持ちに応じて判断してしまう自己中心的な判断バイアスを示しがちであるが，右半球ではこの領域は自己中心的な判断をするバイアスを克服して，他者への共感性の視点で情動を判断したり道徳的な判断をすることに関わっており，その点で左右の皮質の機能差が想定されている。

他者を理解する試み――性格診断

協働作業をする際に他者を理解するために大切なことは，人は皆感じ方が異なるということを理解することである。カーネマンとトヴェルスキーは，記録からも，同じ課題に取り組みながら感じ方が異なっていたと思われる。他者視点で考えることをさらに推し進めると，人の性格や感じ方の特性の違いを考慮した上で，他者の視点でその人が感じたものを理解できるかということになる。しかし，限られた経験からだけでは，他者の感じ方を理解するのは難しい。そこで，人は他人の特性を類型化して，理解を単純化しようとする。

カテゴリー化して理解することは，認知脳の得意とする理解である。目の前の人の多様性を実際のコミュニケーションから理解することは困難でも，いったん類型化して理解されれば，そのパターンに従って行動も予測できる。そのため，人はしばしば血液型などに頼って類型化を試みてきた。実はこのような類型化に科学的根拠はないのだが、意外に信じている人が少なくない。これはなぜだろうか。

一つにはバーナム効果といわれる、曖昧な表現を使うことで、多くの人にあてはまるような錯覚を起こさせる効果による。多くの性格診断では、複数の特性を組み合わせて表現するため、多くの人がその中にあてはまるものを見つけることができる。その結果多くの人にあてはまることになり、その性格分類を信じる人が多くなる。

またいったん信じてしまうと、それにあてはまる証拠を周囲に求める。いわゆる確証バイアスである。例えば血液型による性格診断では、典型的なA型、B型、AB型、O型にあてはまっている例を集めている。実際には世の中には自分の血液型の性格にあてはまらない人も多くいる。しかし性格診断を信じる人はそのような例は無視してしまうのだ。

さらには自分の血液型の特性を信じるあまり、自分の判断をその血液型の人の傾向とされるものに合わせてしまうことすらある。これは自己成就予言と呼ばれ、自分で予言した行動を自分で行うことを意味する。自分はA型だから、ある状況ではこのような行動をとるとされているので、自分もそうした行動をとることにするというものだ。

このような性格診断は、ある種の人間の類型化であり、結果として安易に人を理解したと錯覚する点が問題である。人はそれぞれ多様な心の特性を持つもので理解が難しいとするのが本来は正しい態度である。だから一生懸命に理解しようと会話して、真意を確かめたりするのであろう。類型化したマニュアル通りの行動をとると、勝手な思い込みを生み出し、協働作業する際には、こんなはずではなかったのだがと、うまく協力できないことになる。むしろ素直に、互いの理解は難しいものであるという控えめな信念からコミュニケーションを始めることが大切である。

五因子性格特性

人の振る舞いの多様性を測る尺度は多数あるが、非認知的スキルとして取り上げられる性格尺度に五因子性格特性がある。

五因子とは外向性、神経症傾向、協調性、誠実性、開放性の五つである。日本語としてはそれなりの意味を持つ五つの性格特性名であるが、実は多数の心理テストから抽出された因子に一番分かりやすい用語を当てはめただけという点に注意が必要である。

外向性が高いと社交性や活動性、積極性が高く、また一般的に旅行が大好きで冒険者と言える。協調性が高いと、人に対して優しく、利他性や共感性に優れている。外向性が低いと、物静かで、一人で何かするのが好きで、内向的と言える。神経症傾向は、環境刺激やストレスに対して敏感で、不安や緊張を感じやすい。逆にこれが低いと、危険なことでも平気になり、危険なところにも近づいていくことになる。誠実性が高いと、自己統制力や達成への意思が強く、規則を重視する傾向が高い。これが低いと、状況次第で判断が変わる傾向などが高い。開放性とは、好奇心の強さ、想像力、新しいものへの親和性を表す指標である。

　性格特性の考え方では、それぞれの特性には利点と欠点があり、一概に高ければ良いというものではないとする。外向性が高ければ、積極的で行動的であるが、そのために危険に遭遇する可能性が高い。低ければ物静かであるが、行動を控えすぎるとせっかくの機会を逃すかもしれない。神経症傾向は基本的に危険を回避し安全を求める一方で、心配しやすい。誠実性は規則重視であるが、融通がきかないとも言える。低ければ規則にとらわれない融通性があるとも言える。しかし、規則を無視してしまうと、結果として不注意な行動を取りやすい。協調性は、高いと人に対して共感性が高いが、結果として自分をなおざりにしてしまう。逆に低いと他人に迎合せずに独立した判断をする。開放性は、高いと現実離れした様々な活動に関心を持ち、芸術的な活動や想像性を好む。逆に低いと現実的であり、一方では因習的で過去のしがらみなどにこだわった判断を取りやすい。

　このように、五因子は、利点と欠点を併せ持ち、高い低いで是非は議論できない。動物界にも同じ種の中に外向性の低いものと高いものが存在する。もしどちらか一方が生存に有利であれば、他方が淘汰されるはずであるが、そうなっていない。一般には特性に多様性がある方が生物学的にも有利なのである。

　性格特性は、それぞれの特性を何段階かで数量的に評価し、その組み合わせとして表現される。そのため、性格の多様性は無限に近く、単純な類型化は不可能である。しかしこれが実態に近いのではないだろうか。性格を類型化したり、正常と障がいを分ける認識の仕方から一歩進めて、境界をきちんとつけずに全体を連続した多様性と考える、ニューロダイバーシティー（神経的多様性）という概念がある。これは自閉症やＡＤＨＤ（注意欠如・多動性障がい）などといった発達障がいも含めて、健常者との連続性をスペクトラムと捉え個性や多様性の発現した結果として受け入れていく姿勢である。

さらに、特定分野の認知的スキルに関しても、多様性があることが知られている。ギフテッドと呼ばれる人たちは、先天的に特定の分野で平均よりも顕著に高度な知的能力を持っている。ギフテッドは、早期教育でつくられた秀才ではなく、本人が内的に知的刺激を切望して自ら学ぶ人たちである。特定の学術分野だけでなく、芸術など多様な分野で出現する。高い刺激感受性を持ち過度な行動に出ることがあり、場合によっては発達障がいと区別がつきにくいか同じであるとされることも否定できない。ギフテッドは生まれながらに早く、深く、広く学ぶ能力があるために、適切な教育機会を個別に与える必要があると考えられている。個性的な才能も、平均を大切にする文化では、多くの偏見に苦しむことになる。海外ではこれらギフテッドの子供を早く見つけて特別な教育を施す。多様な人間には多様な学びがあるという理解が少しずつ広がりつつある。

性格の背景――氏か育ちか

人の多様性の背景に関しては、それが生物学的にどう決まるのか、例えば遺伝的に決まるのか、それとも育て方や生後の経験によって決まるのかという議論がある。いわゆる氏か育ちかという論争である。性格特性に関しては、五因子特性について遺伝と環境因子の影響を調べた研究がある。この研究によると、性格特性は、主に遺伝的背景や個別の環境要因などの中で形成されるという。

一卵性双生児と二卵性双生児の性格特性の比較から、性格特性には遺伝的寄与が大きいが、家庭環境のような共有される環境因子の与える影響は小さく、双子の間でも異なる個人ごとの共有されない環境因子、結果としてそれぞれの個人に特有な環境因子である非共有環境の影響が高いことが知られている。また、生物学的基盤としては、脳内の様々な伝達物質や回路が関わっているらしい。

非共有環境の因子の関与を示す例としては、ガード・ケンパーマンらが同じ遺伝子を持つマウスを生物工学的に三〇匹作り出して、ある程度広く、豊かな環境下で飼育し、個体ごとの移動履歴をモニターした研究がある。しばらく一緒に飼育すると、次第に移動距離と移動範囲の多い個体と少ない個体に分かれてくる。このことは、遺伝的に同じであっても、社会生活をする中で次第に個性が備わってくることを意味している。まさに個体ごとの環境や他者との相互作用といった非共有環境が、遺伝的に均質な集団にも影響することを示している。生物界においても、遺伝性のみならず社会的な相互作用で多様性が形成され、その多様性がその種の保存にとって大切であることを示唆していると考えられる。

遺伝因子は生まれながらにある程度決められているが、社会的な相互作用によって形成されるのであれば性格特性は、環境や状況ごとに選んだ行動や判断、そして他者との関わりで生涯継続的に変化する可能性がある。

次第に分かってきたことは、性格は多面的であり、状況によっていくつも別の性格特性が発現してきても不思議はないという点である。創造的な仕事をしているアーティストが、舞台上では外向性を示して振る舞い、私的生活では著しい内向性を示すことがある。多くの例からむしろ、一人の人に潜在的には複数の性格特性があり、状況によってそれぞれ違った性格特性が発現してくる可能性が示唆されている。だとすれば自分の性格の多様性に感受性を持ち、理解を深めれば、実際に状況に応じて多様な生き方ができるところが、性格の非認知的スキルとしての強みであろう。

特に基本系ネットワークは自己に関する知識、認識に関わる部位であり、性格も含めた自分の特性を普段からモニターし、他者の特性ともあわせて自己と他者の違いなどを理解することに関わっている。キャロル・S・ドゥエックらの研究によると自己の特性を生涯変わるものと考える成長マインドセットと、もう特性は変わらないと考える固定マインドセットでは、他の様々の学びにも影響を与えることが知られている。

社会脳と非認知的スキル

① 共感性、他者理解、他者の視点を通した理解は、非認知的スキルの最も重要なスキルである。ただし、共感するとしても、他者に無意識的に従う共感性でなく、他者の異なる視点や考えを認めた協働性が大切である。前者は集団思考となりがちだが、後者は共創性や、協働作業による問題解決につながる。

② 共感性は相手や対象を心ある存在と捉える力である。この力によって、相手がたとえ無機物であっても、それを心あるものとみなすこともできる。逆に、たとえ相手が人であっても、心あるものとして感じられないこともある。共感するとともに、人の視点を通して、同じ経験を複数の人の立場から理解することで、自分の見ている世界との違いを知ることが、人の多様性を理解する基礎となる。

③ 多様な人を知るために、しばしば人は性格などでタイプやカテゴリーに分けて理解しようとする。しかし人をカテゴリーに分け、そしてラベル化してしまうと、そのカテゴリーに含まれる多くの属性ゆえに偏見につながることも多い。他者を分かっていると思い

込むのは、多くは認知バイアスであり、あてはまるように見えて、実は思い込みによって錯覚しているだけである。

④五因子性格論では、性格を、外向性、神経症傾向、協調性、誠実性、開放性の特性スケールの組み合わせで表し、多様な性格を表現することができる。性格は遺伝などの因子にもよるが、半分以上が非共有環境によっており、その人が特定の状況でとった行動や、個別の対人関係の累積した結果で生涯変化する。人は性格の持つ強みや性格を含めた自己のあり方の変化を信じる成長マインドセットか、変わらないと思う固定マインドセットを持ち、性格もその意味で非認知的スキルと考えられている。

⑤人の特性には一長一短があり、多様な特性の人がいるという前提は協働性の基本である。自らの性格の強み弱みを知り、また他者の性格の強みと弱みを知ることは、非認知的スキルの一つである。特に自己の活動を客観的に把握し認識するスキルは、メタ認知と呼ばれる非認知的スキルの中でも重要なスキルである。自分に対する認知はしばしば他者とのやり取りの中で気がつくので、社会性スキルが前提とされる。そして自分を知ることは、他者を知るためにも大切である。

◆コラム4　白昼夢とパフォーマンス

基本系ネットワークは社会脳の中心的なネットワークの一つである。一方で基本系ネットワークはナラティブ思考や、発散的思考、すなわちぼんやりと白昼夢に耽っているマインド・ワンダリングの時に活動性が高い。

ところで白昼夢の内容には個人差が大きいことが知られている。対人的な内容か、人以外の内容かは、その人の社会性に関わる。空想中の時間の関心とポジティブかネガティブかの感情の組み合わせも一人一人異なる。例えば過去に向かう白昼夢の傾向が高いとしても、それが楽しかった過去が多いか、苦しみを経験した過去が多いかという点には個人差がある。また将来に向かう白昼夢が多いとして、それが期待の将来か不安の将来かという点も個人差がある。

ジェローム・シンガーは「空想過程指数」という検査項目を考案し、多くの人を対象に、白昼夢の内容とパフォーマンスとの関係についての研究を進めた。

そのテストでは、白昼夢の内容が、①ポジティブで建設的か、②罪悪感や不安に関連しているか、③白昼夢が注意集中への阻害に関連するかの三つに分けて、関連する多数の質問項目を用意している。①のグループの得点の高さからは日頃のパフォーマンスへのポジティブな効果が期待される。このような建設的な白昼夢は、自己分析によるメタ認知、社会性、創造性、外界への課題の慣れによる反応低下の防止などの面で、学びなどへの建設的な期待につながる。一方で②のグループの項目の得点が高いと、自尊心の低下や対人関係への不安から白昼夢がその人の情動的な側面でネガティブな影響を与える。また反芻的思考や強迫的思考も同様である。さらに③のグループで得点が高いと、仕事中にも白昼夢に耽ってしまったり、実際に課題に取り組んでいる時の集中力への阻害因子としてネガティブに影響する。②と③は関係しており、白昼夢、マインド・ワンダリングの時間が長い人ほど、不安や罪悪感などのネガティブな思考に耽ってしまう傾向が高いことが知られている。

白昼夢は、白昼夢を見ている人の何らかの行動やエピソードを含む物語（ナラティブ）のようなものから構成されることが多い。白昼夢はそれを見ている人の目標ややりかけの仕事などの影響を直接的、間接的に受けるが、その話の流れは焦点が定まらず発散的である。ウィリアム・ジェームズがかつて言ったように、白昼夢は意識の流れのようなもので、制御は効かない。執行系ネットワークが自己制御のもとで、目標志向的に収束的であることとは対照的である。白昼夢での思考は、評価や注意から離れたところで勝手に流れていく。それだけに、どのような方向に流れやすいかは、その人の日常のパフォーマンスに大きく影響を与える。

5　創造的な学びをどう学ぶか

これまで、脳の活動から考えられる身体脳から社会脳までの四つの学びについて紹介してきた。脳は安静時にも活動しており、脳にとってはネットワークの間を活動が切り替わりながら始終学び続けている。このような継続的で多様な学びの仕組みを備えていることの意義は何であろうか？　安静時の脳の活動は、記憶の定着も行っているが、そうした情報を取り込む活動より、情報を創り出して、新たな可能性を常に探索している活動の方がむしろ正しい描像と思われる。そのような学びの目指すものは、人、事物、自然に囲まれた環境と生活の中で新しい関係を構築する創造性の発揮であろう。

創造性は、これまでの学びと違い、非常に多様な現れ方をする。例えばジャズピアニストのキース・ジャレットはあるコンサートで指定していたピアノが届かず、演奏をキャンセルするか、それとも会場にある練習用の無調整の古いピアノを使うかの判断に迫られた。彼は、演奏会を準備した若いプロデューサーと期待して会場に集まった多くのファンに対して、思い切った決断をした。すなわち、あえてその無調整のピアノを使い演奏会をすることにしたのだ。このピアノには機能しない鍵盤がいくつもあり、音がずれているものもあった。彼は即興で演奏しながら鍵盤の使い方を臨機応変に変えて演奏会を乗り切った。結果、そのコンサートは歴史的成功をおさめ、コンサートのアルバムもミリオンセラーになった。創造性にはいろいろな側面があるが、十分に経験を積んだピアニストですらも、卓越した創造的な演奏をしたのは、予想外のアクシデントを受け入れたことによる産物だった。

芸術でも科学でも、多くの創造的仕事の背景には、何らかの困難や予想外の状況がある。このような状況は、避けられるものであれば避け、すべて予想通りに済ませたいのが心情である。一方で、準備する時間もなく直感の命ずるままに待ったなしの判断で動かなければならない場面も多々ある。必要なのは、アクシデントや一見不運な出来事も受け入れる勇気、即応力のように思われる。このような能力は、実は非認知的スキルの大切な側面である。

創造性は多面的で、捉えるのが難しい。しかし創造性に関わる脳の働きは、昨今の安静時脳活動の理解とともに、次第にいろいろなことが分かってきた。この最後の章では創造性に焦点をあてながら、創造性を育む学び方を学び直す方法について検討していきたい。

創造性は不安定さを維持できる心に宿る

創造性はどのような人で見られるのであろうか？　様々な事例から、創造性を発揮する人は、しばしば自分の中にいろいろな多様性を併せ持った混乱している人(messy mind)であるという。また、周囲の混乱や、様々な問題を感じ取っている人と考えられている。そして、さらに何らかの強い情動が加わり、その人を創造性へと駆り立てる。科学者なら発見へ、芸術家なら創作へ、起業家なら新しい製品にと創造性を発揮する。我々はこのような例を、特別な才能ある人の特異な例と思い、自分には創造性は関係ないと思っていないだろうか？

ミハイ・チクセントミハイは創造性の事例を多く検討して、創造性を発揮する定型的なパターンは見つからないと報告した。才能は一つのきっかけにはなるかもしれないが、前提ではない。凡庸な人でも創造性を発揮することがあり、どのようなきっかけで創造性のある仕事に至るかは予測がつかないとしている。

さらには様々な社会問題や自然災害、身近な家庭、学校や職場での問題など、日常的に問題の発生する現代では、すべての人が、何らかの問題を抱え、ないしは問題や矛盾に囲まれて生きている。一人の人が様々なコミュニティーに属していれば、そのために課題は多面的になり、いく重にも捻れ複雑さを増す。この状態に気づかない人は、「自分が知らないこと」を知らないのではなかろうか。すなわち創造性はすべての人にとって、日常的なレベルから、科学、技術の最先端まで、様々な状況で必須なスキルなのである。

グレーアム・ウォーラスによれば、創造性は五つのステージに分かれる。すなわち準備期、孵卵期、気づき、洞察期、検証期である。しかし実際には多様で複雑な過程で進むと考えられている。

準備期には、創造性の発揮される分野に応じて、外界から問題や矛盾を課せられることも、個人の内面の複雑な心の有り様から、その内面の矛盾を解決するために何かを創り出したいと思う気持ちが湧き出ることもあるだろう。外界からの課題でも、心の内面の課題でも、さらには、内面と外面の不一致や矛盾であっても、その矛盾に気づくことは個人個人で異なる。したがって個人のこれまでの生きてきた経験次第で全く違った方向に創造性を発揮することもあるであろう。

孵卵期は、気づきに至るまでのある種の潜伏期間であり、実態が分かりにくい時期である。あえて、その時期の様子を記述するとすれば、発散的思考で自由に想像し多様な考えを発展させる過程と、収束的思考で何か一つの道筋にまとめようとする過程が交互に繰り返す時期であろう。ある製作物についての創造性に関して少し具体的に述べれば、実際の作品制作と修正や破壊を繰り返し、外界への働きかけや実験によって進行する時期である。

本人にとっては必ずしも楽しいばかりでなく、むしろ不安定で、何度も挫折しそうになるかもしれない。それでも諦めないのは、強い情熱や達成動機があるからであろう。また不安定な状況を維持しつつ、多くの失敗で挫折しないのは、レジリエンスや粘り強さがあるからであろう。すなわち、孵卵期は極めて非線形で不安定で複雑な過程であるといえる。次の気づきの時期までの過程は一人一人で全く異なるであろう。このような創造の前の不安定な時期を耐えられるのは、非認知的スキルを総動員しているからであろう。

気づきの時期は、具体的ではないが、何かの手がかりを摑んだ瞬間である。その多くでセレンディピティによる偶然の出会いや徴候への気づきが鍵になる。しかし、気づきがいつどのような形で訪れるのか、また産まれてくるのか、これにも多くの逸話があるが、極めて予測しにくい現象である。偶然という言葉は、必ずしも正確でなく、何かを求め構えている心にとっては、偶然が引き寄せられるような、不思議な感覚であろう。

洞察期は気づきから、これまでのモヤモヤした過程が一気に意識化される時期である。洞察は英語ではインスピレーションといい、あたかも何かが吹き込まれたような感覚を意味する。実態は自分がこれまで意識化できていなかった意識下の無形の何かが、急に形を持って意識の前に現れたために、外から何かを授かったような感覚を表現したのであろう。

検証期では、その創造性の分野に応じて異なる形態を示す。すなわち科学的発見であれば論理で検証する時期であり、また芸術の分野では思いついた制作物を現実のものにする時期である。いずれにしても、このまま検証期に移行すれば、長く暗闇の中をさまよった後の輝きであり至福の瞬間であろう。しかし、結局検証できず、再び振り出しに戻ることも現実には多いと思われる。

創造性に関わる脳の働き

創造性に関する脳の過程として、どのような形が考えられるであろうか？　様々な情報が脳のネットワーク内の細胞の結びつきで表現されているとすると、創造性とは記憶にはない、新しい細胞のネットワークの結びつきを創発して、それが情報表現として意識され表現され、人と共有できるような外部表現となることではなかろうか。もちろん実際には無から有を生じるというより、既知の情報の中に新しい関係性を発見する、または創り出すことがほとんどであろう。しかし歴史を振り返ると、新しい概念の登場で不連続に大きく変化することがある。いわゆるパラダイム転換である。

ところで、脳を構成する細胞は多数あり、その可能な組み合わせは天文学的な数になる。潜在的には膨大な情報空間があるが、実際に意味のある情報表現で、かつ意識がアクセスできる情報表現はほんの一部である。また脳内のネットワークの情報は分散的であり、多くの機能的なモジュールに分かれているため、互いに関係性をまだ持っていない情報、いわば距離の離れたネットワークのクラスターが多数あり、これらは意識されていないに違いない。

安静時の脳活動では、常々脳の内部で記憶や情報の再編成が行われている。多くのエネルギーをこのような安静時の脳活動に消費していることから考えると、創造性は我々の日常生活にとって身近なものであるはずである。抱えている問題や矛盾が大きければ大きいほど創造性のレベルも高いものが期待される。しかし創造性をある方向性に向けてきちんとガイドするにはやはりスキルが求められる。

創造性には発散的思考が重要であるという指摘がある。一つのことから様々なことを派生して想像するのが発散的思考であり、脳の基本系ネットワークが様々な可能性を想像し、結果として新しい情報や、関係性を創り出し、それが創造性と関わることが指摘されている。基本系ネットワークは脳のハブとして機能しているので、ここを介して様々な情報が関連し合ったり、またさらに勝手に新しいネットワークの結びつきを創発することに関わっていても不思議はない。

しかし創造性の発揮には基本系ネットワークだけでは不十分であることも明らかであろう。脳には様々な情報や操作に関わる専門的な領域が多数あり、そのすべての機能が創造性に関わるからである。特に執行系ネットワークは新たな概念を創り出したり、可能なルールから目標までの道筋を計画したり、言語的に推論することに長けている。これらは収束的な思考となって意識化され、言語化され、表現される。想像する時には注意は内に向けられ、何かを明示的に外界に表現する時には注意は外に向くことになる。こうして、発散的思考と収束的思考は、基本系ネットワークと執行系ネットワークのシーソーのように相互に重心をシフトさせながら、新たな関係を神経のネットワークの中に創り上げることが期待される。

最近では、基本系ネットワークは、取り組む課題が創造的な力が必要な課題であるほど執行系ネットワークと、さらには周辺のネットワークと協力して働くこともあることが分かってきた(図16)。すなわち、脳全体のネットワークは個別にバラバラに働く様式と全体的に一つとなって協力する様式とがあり、その大規模なネットワークの動的再編成に基本系ネットワ

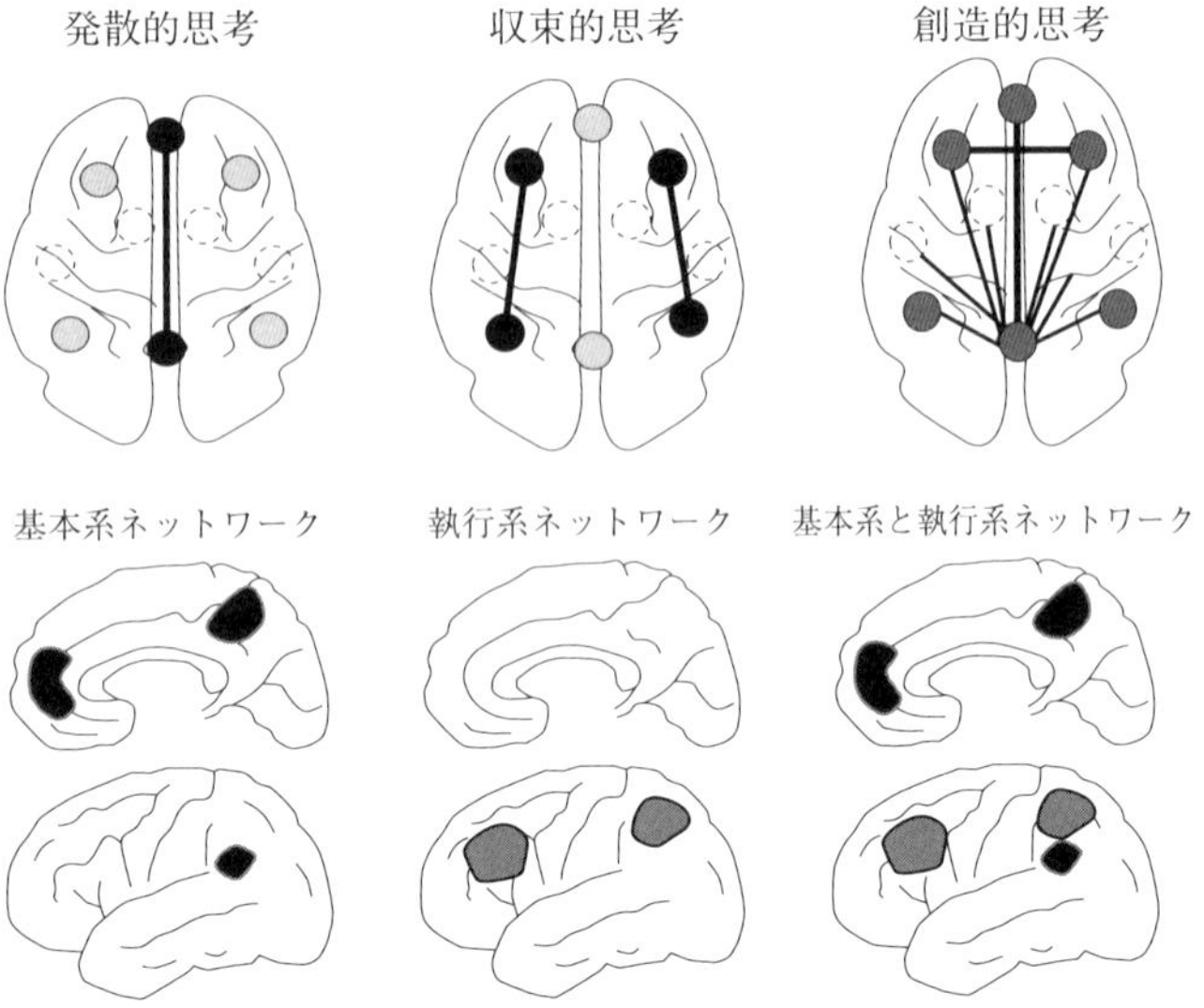

図 16　発散的思考と収束的思考と創造的思考

ワークが重要な役割を果たしている。スコット・B・カウフマンらは物品の使用を多数列挙するという、発散的思考が必要な、創造性を測る課題で脳活動を調べ、創造性に優れた人ほど、脳のグローバルなネットワークでの情報のやり取りの効率性が良いということを明らかにした。

　創造性に優れた人は、創造性が求められる状況になると、通常ではバラバラにモジュールとして働いている状態（図16の発散的思考状態または収束的思考状態）から、一つのグローバルな統一体として脳のネットワークを働かせる（図16の創造的思考状態では二つのネットワークが一緒に働く）ことで、脳内の効率的な情報のやり取りができるのであろう。その結果、今までは脳内でバラバラに分布していた情報や、その断片に道筋ができ、次第にあちらこちらでより強固なクラスターが生まれ、やがて意識的に気がつくようなはっきりとした表現に収束していくのではなかろうか。

脳のネットワークを大規模に再編成するには、大変なエネルギーが必要だと思われる。どうやってこのような高い活動状態を維持するのであろうか？　おそらく、脳にある神経以外の重要なリソース、すなわち酸素や栄養素を運ぶ血管系、神経細胞（ニューロン）と血管系の間にあるグリア細胞などが、ネットワークの高い活動性を適正に保つのに役立っているのであろう。相対性理論などの創造的な仕事を数多く残したアルベルト・アインシュタインの脳には、一般人に比べていくつかの点で著しい違いがあった。その一つが一般人よりグリア細胞の数が多かったことだという。このことは、アインシュタインには長時間懸命に課題に取り組むいわゆるフローの状態を維持する能力があったことを示唆している。

創造性を導く、オートパイロット状態、フロー状態とマインドフルネス

創造性にまつわる多くの逸話では、気づきの瞬間について、ぼんやりとしている時にふと良いアイデアが浮かぶことがあると指摘されている。単純に散歩をしているような場合は基本的には感覚運動系を用いたオートパイロット状態である（図17）。そのような時には執行系ネットワークは行動の制御にほとんど関わらずに、基本系ネットワークとシーソーのように

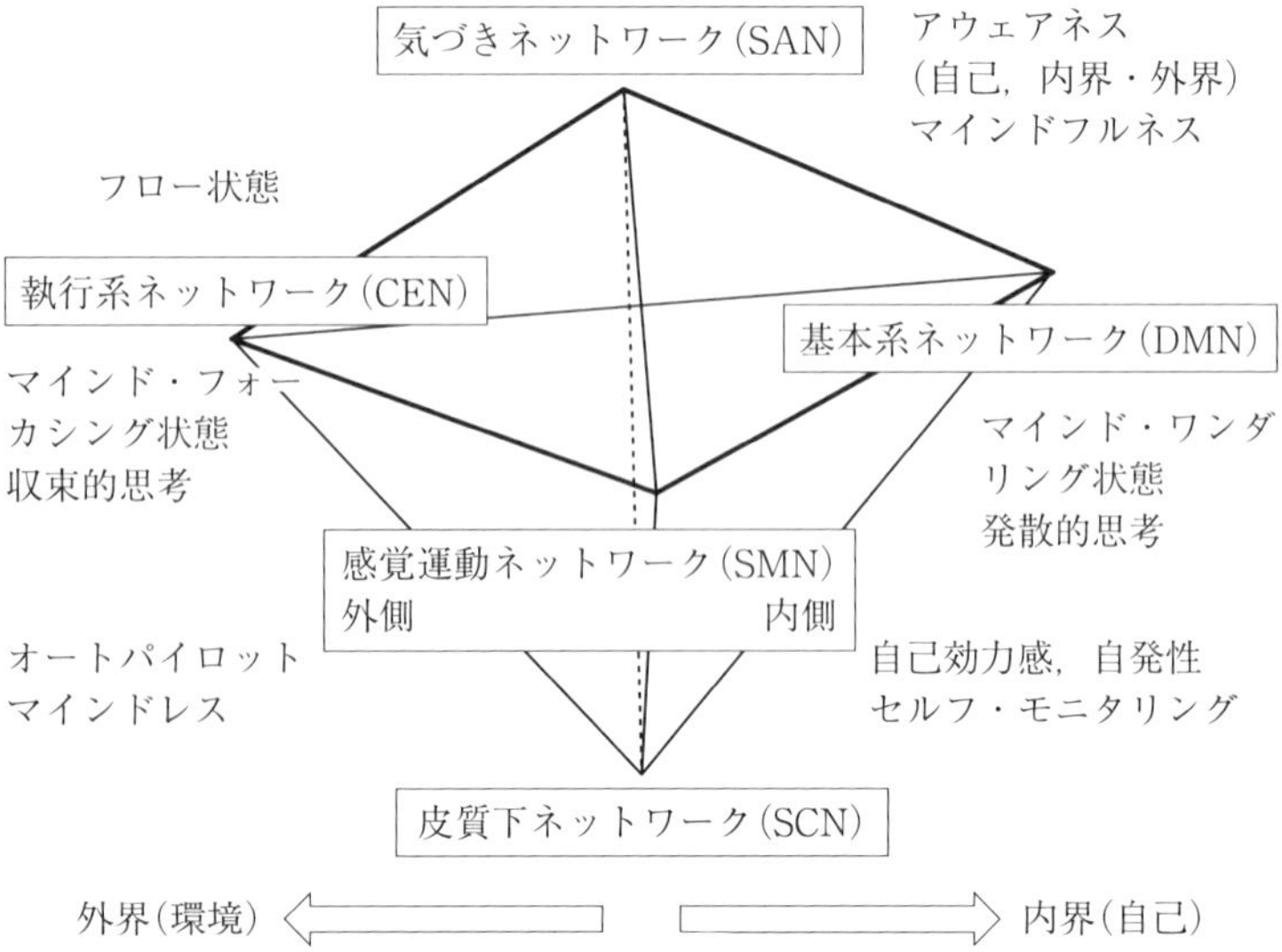

図 17　フロー，オートパイロット，マインドフルネス

自動的に切り替わっている時期である。また脳はセルフ・モニタリングを行っており、気づきネットワークは常に自分の状態を監視している。このような際には、脳内では、外部を気にすることなく発散的思考と収束的思考の相互の過程が自然と進みやすく、また内的な創造の結果に注意が向き、結果として発想が出やすい。一日の生活の中に少しでもぼんやりする時間を習慣的に持つことは、基本系ネットワークの発散的思考を最大限に活動させることにつながる。

創造性に関して、チクセントミハイは、人が適切な難易度の課題に懸命に取り組む時、すなわちフロー状態と関係があると述べている。フロー状態は、明確な目的があり、特定の分野に集中し、一方では自己の意識が低下しており、行動と一体化した状態である。こうした時には、即座な対応ができ、自分がその場を制御している感覚が強い。活動自体が楽しく、活動は苦にならない。この状態は、何らかの外的な課題に取り組んでいるが、しかし、広く注意を向けている。フロー状態は全体としては外に向かっている活動状態である。

フロー状態では分析的思考というより、並列的で直感的な思考を行っており、訓練されたエキスパートなどでは柔軟で即応性のある状態にある。音楽の即興演奏などでは、感覚運動ネットワークが活性化し、執行系ネットワークが抑制される。その一方で、基本系ネットワークに活性化がみられる。感覚運動ネットワークは皮質下ネットワークと協力して働くことで、実際にはかなり複雑な働きにも対応できる。

最近は、瞑想が創造性にとって良いと言われている。マインドフルネスは、「今」「ここ」に集中する特有の瞑想法である。瞑想に当たっては、例えば身体感覚に注意を向けたり、呼吸に注意を向けたりする。また逆にオープンモニタリングといって、感覚するもの、イメージに浮かぶものに次々と注意を向けていくやり方もある。このようなマインドフルネスは、自意識や過剰な想像活動をしがちな基本系ネットワークを鎮め、気づきネットワークを浮かび上がらせることになる。このような瞑想を繰り返すことによって、心の働きに関わる脳のネットワークの状態を適正化することができる。

不安神経症や強迫神経症では、過剰な基本系ネットワークが問題となる。発散的思考も場合によっては通常の思考を妨げることもある。マインドフルネスで気づきの感度は高めて、意識的な制御を弱めることで創造性の向上が促される場合もある。

このように創造性に至る道は、実は多様である。意識的に様々な心の状態を変遷させ、オートパイロット状態、マインド・ワンダリング状態とマインド・フォーカシング状態、フロー状態、マインドフルネス等の間を切り替えながら生活する中で、ふと気づく瞬間が訪れるのではないかと思われる。

大人は疑問を抑え込んでいる

創造性を発揮するために大切な心構えとは何であろうか？　アインシュタインは、創造的な学びにとって大切なことは、疑問を持つことをやめないこと、疑問を持ち続ける力だと言っている。確かに誰でも子供のころは、なんでも疑問に思い、「なぜ？」とか「どうして？」といった質問をしてたびたび大人を困らせる。そして、自分でも疑問を持つと同時に様々なことを想像してみるのではないだろうか。

子供は大人に比べて無知であるがゆえに、子供にはそれを補って余りあるほどの創造性がある。むしろ大人になるにつれて、年齢とともに質問することが減っていく。この理由としては、年齢とともに認知能力や言語リテラシーが発達するため、疑問が減るのは既知のものが増えることによると考えたくなる。ところが実際はそうでないようだ。

大人が自分の理解力を正しく評価しているかに関して、興味深い研究がある。被験者に親しい人の好みや価値観などの知識を問い、選択させた後で、この選択がどの程度正しいと思っているかを尋ねると、多くの人が自分は相手のことをよく分かっているので正しく判定したと答える。ところが、実際に相手にその判断を確認すると、その理解は間違っていることが多い。

自分の判断の正しさを実力以上に評価する傾向を、肯定錯覚（ポジティブバイアス）と呼ぶ。自分はよく分かっているという誤った自信を持つために、疑問や質問を抑え込んでしまうのだ。このような認知的なバイアスが、疑問を持つ目を曇らしてしまうのである。

何か問題のある状況に置かれた時には、同時に様々な疑問も起こるであろう。一方で不確定な状態、すなわち疑問を持つような状態は、ストレスとして捉えられるという脳研究がある。この結果から示唆されることは、人は大人になるにつれて、疑問を持つ状態を回避しようとして、分からないことには触れないようにする、「知らないことを知らない」とする態度が知らず知らずのうちに備わってくる。そのために自ら不確定なことや分からないことを認めることになる疑問を発するという行為が減るのではないかと考えられる。大人になって学びの意欲が減ったり、創造性が低くなったと感じるのは質問力の低下が原因であるが、それはさらに深いところでは、「知らないことを知らない」とすることで無知を認めるというストレスを避ける、長年の学びの結果であると考えられる。

四つの質問で深める学びのサイクル

非認知的スキルの一つに、クリティカル・シンキングがある。クリティカルとは通常は批判的と訳されるが、その基本は自分も含めて、一見自明と思える前提や推論への疑問や認知バイアスへの気づきであろう。その点から、これから紹介する疑問や質問を基盤とした学びは、通常なら抑え込んでしまう疑問を、積極的に探求して理解を深めることができる。

疑問のタイプと学びの段階を結びつけてみる。すなわち、疑問には、最初に何かに驚いてなぜ(wonder Why)と思う段階、そしてその現象や発見が何か(What)という段階、次いでどうして(How)そうなったかという因果関係を考える段階、そしてこれらの知識に基づいてさらに仮説を立てて、もしこうだったら(What if)という発展的な疑問を持つ段階があり、この四つの疑問は経験に基づいた学びのサイクルに関わることが分かってきている。

そこで、このような疑問を抑え込む傾向に対抗するために、質問から学びを深める学びのサイクルを紹介しよう。ここでは、学びは様々な疑問から始まると考える。こうした疑問をWhy、What、How、What if の四つに分けると、経験に基づいた学びのサイクルを理解することができる。

何かに驚き、最初の段階で持つなぜ(Why)という疑問は、これまでの経験から予想外の出来事への驚きや、なぜという疑問や気づきを表現するものである。英語では“I wonder Why”で、不思議、好奇心、驚き、興味を表す。これがきっかけになって、さらに様々な疑問が生まれてくる。驚きが最初の発見であり、疑問のスタートでもある。

次いでWhatは、未知なる驚きに対して、これは何か(What)という疑問で、自分のこれまでの知識から、その何かを理解するために発するものである。そのためには自分が何を知っていて、何を知らないかという既知と未知との境を見極め、なんとか未知を既知に結びつけようとする努力が必要である。

またそれは、因果関係や関連性を問う、いかにしてこうなるのか(How)という、さらに深い質問になる。因果性や関係性をきちんと理解することが、科学的な推論やエビデンス(根拠)に基づいた理解では大切である。この段階では、因果関係は一つに定まらないかもしれないが、それらは仮説となってさらに様々な可能性を検討することになる。

そして、多数の可能性の中から一つを選択するために、仮説とその時に何が起こるかシナリオを考えることになる。「もし……ならば何が起こるだろう」という疑問“What if”が生まれてくる。このシナリオ思考は、観察された事象と事象を結びつける物語である。仮説を導き出そうとする疑問である。そしてここで、発散的思考が再び役割を持ってくる。もしこんな条件を与えたら、こんな風になるはずであると、仮説とある種の実験と結果の予測まで含む。その結果、何かを実際に行うことになる。そして、再びその結果を見て、スタート点の質問Whyに戻ってくる。

このように質問から質問を生み出す形で学ぶと、自然と理解を深めること、いわゆる自律的に深める学びを実践することができる。その中でも、"What if"では、発散的な思考が要求され、突拍子もない可能性に気が付いたり、自分の直感に任せて、可能性の世界を徘徊することになる。そして何かの具体的な実験や観察を促し、その結果に対する驚きなどが次の質問のサイクルのスタート点になって、疑問のサイクルはらせん状により深い学びへと発展していくことが期待される。

質問を主体にした学びでは、質問の解答を求めるより、まず学び手が何を質問するべきかについて様々な可能性を提案する態度を大切にする。学び手がチームになって取り組めば質問する視点が増え、それだけ多様な質問の深め方が提案される。

一つの実践例として、プロジェクト型学習は、現実に自分たちの属するコミュニティーや比較的身近な体験から問題を見出し、何らかの解決を提案する学びである。チームで取り組む場合には、活発なコミュニケーションやコラボレーションを通じて、問題発見から提案、最終発表までを行うことになる。必要となる知識やスキルには理系、文系、アートのすべてが関わり、提案も一つの問題に一つとは限らないので、問題解決のためにはデザインしていく能力も必要だ。その点ではデザインを基盤とした学び(デザイン型学習)とも言える。

このような疑問から自律的にどんどん深めていく学びはディーパー・ラーニング(人工知

能の分野でのディープ・ラーニングとは異なる）と呼ばれ、二一世紀型の学びのタイプの一つとされている。

現実に根差した経験学習では、現場を取材したり、企業などが実際にプロジェクトの実行に支援したりすることもある。それほど大掛かりでなくても、少なくとも学び手がプロジェクトの過程で、自分で自律的に疑問を深めることで学び方を学ぶことや、未知の問題を自ら見出して問いを深めることが、創造性の育成には大切である。このような学びでは、教師には学び手の疑問やプロジェクトを促進する役、協働作業を円滑に進める役、すなわちファシリテーターとしての役割が求められる。

一般的に、問題が解決せずに中途半端な状況に置かれると、簡単に分かってしまった事柄よりも記憶によく残るという現象が知られている。このような効果はツァイガルニク効果（Zeigarnik effect）と呼ばれ、達成できなかった疑問や中断している事柄は、自然と思い出されてきたり、繰り返し反芻して考えを巡らす機会が増えることによるとされる。これに従えば、いったんプロジェクトに着手すると、中途半端にせずに達成するまでやり遂げたいと、自然に思うはずということになるのだが、どうであろうか。

基本系ネットワークは、以前から、思考反芻、ときには強迫的な思考反芻に関わることが知られている。中途半端なところで解けずに中断している問題や疑問で解決すべき課題が気になりだすと、基本系ネットワークは脳のネットワークのハブとして執行系ネットワークと行ったり来たりしながら、発散と収束を繰り返す思考をする。気づきネットワーク、皮質下ネットワーク、脳幹ネットワークは、疑問の維持や、解決までの試行錯誤、想像することを支える働きを担う。そして、その過程の中で、新たなネットワーク間のつながり、すなわちパーコレーションと呼ばれる一つのまとまったネットワークのクラスターができると、「アハ」と呼ばれる状態となり、新しい考えや解答として意識に捉えられるようになる。

ノーベル賞受賞科学者とアート・文系能力

チクセントミハイによると、影響が個人のレベルを超えた創造性には三つの側面が関わるとされる。すなわち、①ドメイン領域、②フィールド、③パーソンである。一つ目のドメイン領域での創造は社会や人類の多くで共有されている記号、象徴、シンボルなどについてのもので、長年の蓄積であり、それぞれの領域における特有の文化を形成する。創造性の発揮されるドメイン領域としては、科学、技術、人文科学、アートなどの分野が想定される。

科学は、数学、物理、生命科学等、専門分野が分かれ、それぞれにディシプリン(規律)があり、細分化が進んでいる。このような各分野での創造性には高度な専門性が求められる。そうであれば、細分化した専門のドメインを決めて、一切の労務から解放されて、求められる専門にだけに特化した学びをすれば理想的な学びができるのであろうか。

同じく創造性が問われる分野にアートの世界がある。専門職としての芸術もあるが、より広い意味で用いるアートは、一つの客観的な真理を求めて活動する科学とは異なり、人が創り出す活動を広く含み、自由でのびのびと自己表現することが特徴であろう。パフォーミングアート(舞台芸術)であれば、音楽の演奏あるいは演技はその場で一度きりのもので、即座に聴衆からのフィードバックがあり、リアルタイムに進行する。パフォーマンスの臨場感と、観客との場の共有や、直接相手と関わること、すなわちエンゲージメントがカギとなる。一方で多くの科学では、活動の現場と公共の場での発表や評価には時間的にずれがあることが標準である。このように、アートの世界と科学、技術などの世界では、異なる点が多い。こうした違いは創造性に関してどのような関係があるのだろうか。

科学者には芸術的な活動でも有名である例が少なくない。相対性理論で有名なアインシュタインは、趣味はヴァイオリンで、公の場でもしばしば演奏した。また物理学者のリチャード・P・ファインマンもボンゴと呼ばれる打楽器の演奏をしばしば披露している。著名な科学者は、アートやパフォーマンスに関しても、単に趣味という以上に、深く関わっていることが多い。

ノーベル賞を受賞した科学者と一般の科学者との間で、アートやいわゆる文系の能力との関わり方を比較した興味深い研究がある。この研究では美術、工芸、音楽、文芸の分野を副業や趣味としてどの程度行っているか調べて統計をとった。一般の科学者に対するノーベル賞受賞科学者の関与の比率を検討すると、音楽では二倍、美術は七倍、工芸は七・五倍、文筆は一二倍であった。驚くべきはパフォーミングアートで、ノーベル賞受賞者は一般の科学者より二二倍も高かった。全体としては、一般の科学者に比べてノーベル賞を受賞した科学者は実際に副業としてアートでも活動する人が多い。単に鑑賞することが好きというレベルではなく、芸術活動に深く関わっていることが良く分かる。

それでは、なぜノーベル賞を受賞した科学者に副業として美術、音楽、文芸等の分野でも活躍している人が多いのか？　一つの説明としては、もともとある専門で人並み以上の能力を持っていたので、他のもう一つの専門としてたまたまアートの分野でも活躍したり、深く関わったという可能性である。しかし、一方で、アートでは平均的な発想から逸脱してもよい自由で発散的な思考で、偶発的なエピソードから構成された一連の物語を構築し、意味づけを試み、例外的なものと通常のものに橋渡しをする態度が育てられる。パフォーミングアートで、コミュニケーション能力、コラボレーション能力も含めて、このような専門によらない非認知的スキルが鍛えられた結果が、専門性の中での独創性につながった可能性も大いに考えられる。

実際にこれは科学の分野にとどまらず、起業家として大きな成功をしている人に関する調査でも、アートへの造詣が深いという同様の傾向がある。いずれにしてもアートの持つ発散的思考すなわちマインド・ワンダリングと特定分野の収束的思考マインド・フォーカシングの両方をこなす多重思考が創造性を促すと考えられる。

即興演劇的ワークショップによる学び直し

学びの目標としての創造性をどう捉え、またどのようにすれば創造性を学べるかを検討してきた。近年、私は、即興再現劇(プレイバックシアター)を取り入れたワークショップによる学びに、その可能性を見出すことができるのではないかという思いに至った。なぜなら非認知的スキルのうち、コミュニケーション、コラボレーション、創造性等の側面がこのワークショップの中に含まれていると感じたからである。

典型的なワークショップでは、指導者ではなくファシリテーターが進行役になる。ファシリテーターは促進する者という意味で、特有の役割を果たす。すなわち、参加者の多様な背景や専門を尊重し、寛容さを示す。優れたコミュニケーション・スキルを持ち、参加者の相互理解を促進する。参加者の状況に特別に感受性を持ち、中立的ではあるが、場合によっては参加者の話し合いに介入し、参加者の積極的な関与や協働性を引き出す。しかし、あくまで援助的な役割にとどまる。一方で皆が失敗などを恐れず、安心して、自由に発言したり、自己表現する場を整える。ワークショップでは従来のヒエラルキー型の人間関係でなく、参加者主体の自律分散的な人間関係となる。

即興演劇を取り入れたワークショップは、特に演劇の素養などを前提としないもので、各自が何かを演じるより前に、参加者はワークショップ形式で様々なワーク(活動)を行い、スキルを少しずつ経験的に学んでいく。その活動の中ではいくつかの基本的な態度が前提とされている。

即興演劇には特有の態度が五つくらいある。一番目の態度は、すべての即興演劇で重視される「イエス・アンド」の態度である。これは相手が自分に示した演技(オファー)に対して、これを受け入れて(イエス)それを発展して自分の次の演技につなげる(アンド)態度である。これによってコミュニケーションが建設的に進む。

二番目の態度はフォロー・ザ・フォロアーである。これは誰かアクターが演技をしたら、それを受け入れ従って(フォロアー)演技してみることである。自分が自分がと自己中心的に他に演技を押し付けるのでない態度である。一方で自分がリードすれば、他のアクターたちがフォローしてくれると信頼して良い。このようにアクターたちは、リーダーとフォロアーという役割を交代しながら、演技を進める。これはリーダーがいなくても止まってしまわない、即興演技に特徴的なコアとなる態度である。

三つ目は即応性の態度である。いったん演技が始まったら、立ち止まって考えることは許されない。すぐに反応する。そのためには、自分を意識の制御から解放することが求められる。考え込むと演技は止まってしまう。自分を信頼して制御するのでなく、自分の演技を調整するだけに留める。

四つ目はアンサンブル(全体)で演技する態度である。一度動き出した演技は全体(アンサンブル)にとって良い演技となることが求められる。常に周囲の状況を読み自分の演技を決める態度である。

五つ目が失敗を恐れない態度である。即興演劇では台本がないので基本的に正解とか失敗という概念はない。しかし、アクターは他のアクターの一瞬一瞬のオファーを読み間違ったり、オファーを出し間違ったりして、心の中では自己批判してしまう可能性がある。しかし、正解のない即興演劇では、皆が一人一人を支えて、失敗させないように柔軟にフォローしていく。失敗も含めて一つの即興演技である。

こうした原理原則のようなことは、いくら頭で考えても実際には役に立たない。実際にこのような原理原則の知識を教えるために即興演劇のワークショップを行っているのではない。即興演劇プログラムの中にある多数のワークを練習することで、自然に態度で出るようになり、教えられなくても何かに気がつくことになる。

即興再現劇の実際

即興再現劇は、ジョナサン・フォックスとジョー・サラたちによって創られた、観客の中の一人に自分の経験した物語をテラー(語り手)として語ってもらい、それをアクターが即興で演じ、テラーにギフトするという、極めてユニークな形式の即興演劇である(図18)。即興再現劇のチームはコンダクター(役割としてはファシリテーター)で、即興再現劇の中ではコンダクターと呼ばれる）と数名のアクター、ミュージシャンから成り立っている。コンダクターが観客の中から自発的に話したいと思った人を選び、舞台に来てもらう。この人がテラーになる。そしてコンダクターはテラーに自分を演じるアクターを選ぶように促す。

その後コンダクターはインタビューを通じてテラーの話したい出来事を明らかにしていく。一番のピークで、どんな気持ちだったか、それ以前はどうだったのか、またこの話の終わりはどこにすればよいかなどである。結果として、コンダクターとテラーの二人で物語を創り上げる。観客、アクター、ミュージシャンはその話を傾聴する。話が終わると、コンダクターはテラーの話を「見てみましょう」と言い、今度はアクターの演技に委ねる。

まず演技の始まりを象徴する音楽が奏でられる。テラー自身を演じるアクター以外のアクターは、様々な役になりうる。何の打ち合わせもない。他の登場人物、物品、何にでもなりうるが、即興で演じる。

このような即興演劇の中には、コミュニケーションやコラボレーションに関わる基本がちりばめられている。テラーの語る物語は、その人だけの一回きりの語りであり、ストーリーである。テラーとコンダクターとのインタビューでアクターたちがそして聴衆の方が聞く間は、大切なストーリーに共感することで、様々な想像が頭の中で動き出す。

人前で自分の個人的な話を開示することには抵抗があることも多い。そこで即興演劇の場ではコンダクターはまず始まる前に観客との打ち解けた雰囲気を醸成する。その点で即興演劇のワークショップでは、コンダクターはファシリテーターとしての役割が大きく、観客は一つの作品を一緒につくる感覚を得ることで、深いエンゲージメント、一体感を感じる。

図 18　即興再現劇の風景．コンダクター，テラー，アクター

非認知的スキルを学ぶことの意義

特定分野の認知的スキルではなく、その前提になる非認知的スキルにはどのようなものがあるか、各章で断片的に出てきた非認知的スキルをまとめよう。

①社会性スキル：言語だけでなく、表情、視線、身体表現などの非言語を含むコミュニケーション能力と共創性が含まれる。②自発性や自己達成感：自らが行動するきっかけを外からの指示でなく、内的動機づけや内的な気づきから行う力。③自己統制：目標達成のための動機と注意集中して没頭する粘り強さ。④レジリエンス：何かの障がいや困難が起こった時に建設的な対応力や将来に対する展望を持ち続ける能力。⑤性格特性：五因子などによる自己の性格特性。⑥メタ認知：自己に関する認識、そして、⑦創造性：不安定な状況で様々な問題等を独自の感受性で受けとめ問題解決や新しいものを生み出す力、などが挙げられる。

非認知的スキルが、特定専門分野の認知的スキルと同様に、またはそれ以上に学ぶべきスキルであることが教育経済学の立場から指摘されている。また、その人の生涯を通じて成功や満足度につながる重要なスキルとも考えられている。その点で非認知的スキルをどのように育成するかは個人にとっても社会にとっても大切な問題である。

非認知的スキルと特定の専門分野の認知的スキルは、脳科学的に見ると脳の多面的な働きを二つの方向からみて命名したスキルと考えられる。どちらも脳が学べるスキルであるとの自覚が、まずは大切なマインドセットであろう。

特に基本系ネットワークが、ぼんやりしている時に活動することが明らかになって以来、このネットワークが社会認知、自己認識、想像力、注意の向け方、創造性などに関わることが明らかになりつつある。これらの機能は非認知的スキルと深く関係がある。感覚運動、記憶(皮質下)、気づき、そして執行系ネットワークも、それぞれ非認知的スキルの異なる面に関わるが、中でも特に基本系ネットワークは、脳の中のハブとして特別な位置にあり、非認知的スキルの中でも特に重要なネットワークに位置づけられる。

一方で人工知能の発展とともに、今後、特定分野の認知的スキルの一部は機械に置き換わっていく可能性が高い。そうなると人間に求められる能力は大きく変化すると考えて間違いない。そして、非認知的スキルを含む新しい人間の能力の捉え方、人間性の理解がますます重要度を増すように思われる。

このように脳科学からみても重要な非認知的スキルを育成する仕組みを、様々なレベルでの学びに導入すべきである。いわゆる乳幼児教育や、学校教育だけでなく、社会人になっても生涯学び続けることが求められるだろう。また様々な社会的に困難な境遇にある人々においては、非認知的スキルの育成は、その障がいに立ち向かう力となると考えられる。生涯学び続けることで、人としての個性的な一つの全体性が形成されると期待したい。

アブラハム・マズローは人間の欲求には五つの階層があるとした。低い段階の「生理的欲求」「安全欲求」はまず生存にとって基本的なものである。心の健康には「社会的欲求」(集団に属する、また仲間への欲求)「尊厳欲求」(他者から認められたいという欲求)が大切である。またこのレベルが非認知的スキルとも関連が深いと考えられる。これは家庭や職場など社会生活の中での基本的な欲求である。その上で、自己に関する認識、内的動機づけに基づいた将来への展望を持ち続け、粘り強く切磋琢磨することで「自己実現欲求」(自分を実現する欲求)さらには自己を超越した欲求にまで達することができるのではなかろうか。自己を超越した欲求とは、共創的な創造力で、自己を超えた利他的な社会実現であろう。脳はこのような創造的な自己の展開を支える学びの仕組みとして捉えることができる。

創造性と非認知的スキル

① 創造性は、特定の分野で発揮されたとしても、その基礎には分野によらない非認知的スキルが関わっている。

② 創造性を発揮する人は、自分の中にいろいろな多様性を併せ持った混乱している人(messy mind)であることが多い。創造性には発散的思考と収束的思考など、異なる思考を自在に切り替えられる非認知的スキルが必要である。さらには注意の状態を切り替え、

マインド・ワンダリング、フロー状態、マインドフルネスなど任意の注意状態に自ら制御できるようになることも非認知的スキルの一つである。多くの創造的な発想はぼんやりする時間の中でふと気づくことがある。いわゆる「アハ」体験である。

③ 創造性には新しい経験への開放性、即興性、想像性、ナラティブ性などの因子が関わる。アートには創造性を発揮するための無限の自由があり、創造性を育成する方法として有効である。そのため一流の科学者にはアートの実践家も多い。

④ 創造性を妨げる様々な認知バイアス、質問力の低下を打破するために大切な非認知的スキルに、クリティカル・シンキングがある。自分の認知バイアスに気づき、疑問を徹底し理解を自律的にどんどん深めていく方法である。知識獲得と質問力育成が両輪となって学びを進めることが望ましい。Why、What、How、What if などの質問によって、次々と質問を生成し続けることは、発散的な思考を促し、既知と無知との境界を自分で見極めながら、経験的な学びを広く深めることになる。

⑤ 非認知的スキルを身につけるのは若い時ほど効果が大きいが、年をとってもその効果があり、生涯学ぶのが望ましい。またスキルは生涯変化し成長するものとして捉えるマインドセット(成長マインドセット)の育成が重要である。このようなマインドセット自体も非認知的スキルの一つである。

⑥ ワークショップ形式での学びは、参加者が中心となり、ファシリテーションにより相互

のコミュニケーション、協働性を発揮した創造や課題解決を図るもので、二一世紀型スキルの詰まった学びの形態である。即興再現劇等アートを取り入れたワークショップは、非認知的スキルを伸ばし、結果として共創性をスキルアップし、ナラティブ思考を鍛え、共創的な創造力を伸ばすのに非常によい活動である。

◆コラム5　基本系ネットワークは脳の中のファシリテーター？

非認知的スキルは専門的認知スキルのような比較的限定した機能の脳ネットワークに依存した働きでなく、様々な場所にある多様な機能モジュールを互いに結びつける能力と言える。

脳のような複雑系ネットワークの中で、離れた場所同士が互いに情報のやり取りをすることはどのようにして可能となるのであろうか。

細胞を人と置き換えて脳のネットワークを考えてみよう。脳には様々な領域があり、それぞれの領域には専門のコミュニティーが存在する。情報が来れば、賛否をとって次のコミュニティーに情報を送るかどうかが判断され情報が送られる。いろいろな専門のコミュニティーは一部は並列して、また一部は階層的にいくつもの細かい専門があるので働きの違うコミュニティーでは競合や協力がなされ、出力が決定される。これが繰り返し経験されるとコミュニティー間、そして専門同士のつながりが強くなり、この情報の流れはルーチン化する。

しかし非認知的スキルで言われているような、他者とのコミュニケーションや協働作業には、ある程度このような働きに関する専門のコミュニティーはあるものの、総合的な情報を検討する必要がある。その際には通常は連絡を取らないコミュニティー同士の情報のやり取りが必須となる。極めて大規模な脳のネットワークでは、短いステップで互いに連絡をとりあうのにハブ的な役割(多くのコミュニティーから情報が集まり、また多くのコミュニティーに情報を送り出す役割)をする場所が重要になる。そこで基本系ネットワークのようなハブ的な働きをする特別な場所が必要になるのではないかと思われる。

膨大なネットワークの中では、日頃から連絡網の新たな構築や使わない連絡網の整理が必要になるであろう。非認知的スキルの高い人は、効率よく認知的スキルのネットワーク間を探索しやり取りできる能力を持った人と言える。しかしこのようなネットワークの探索や経路の構築作業も膨大であると予想される。ぼんやりしている時にも常に基本系ネットワークが働く理由は、ネットワークのハブとしてのコミュニティー間の連絡網の構築・維持作業にあると考えられる。

基本系ネットワークに情報が集まりさらに拡散させる力があれば、この場所がリーダシップをとって制御中枢になればよいと思われるであろう。しかし不思議なことに脳が意識的に外界とやり取りする時にはこの基本系ネットワークは活動が低下している。

伝統的には社会で意思決定をするにはリーダーが決定してそのリーダシップのもとで下部の組織を動かす。しかし、最近ではファシリテーター型リーダシップという新しい考え方がある。これによればファシリテーターは各構成員の専門性などを加味して、チームが意思決定できるように人間関係を促進したり、ブレインストーミングをして情報生成を促したり、互いの情報の共有を助ける。しかし自分自身は中立を保ち、決定をリードすることはない。また一度決定されたことはその専門のコミュニティーで実施され、ファシリテーターの手を離れてしまう。

基本系ネットワークの働きを理解するには、このファシリテーターとしての役割から考えると理解できることが多い。実社会でも多職種の専門家プロフェッショナルとそれを調整して全体として高い創造性ある仕事を引き出すファシリテーターの役割が重要とされている。我々の脳にはその両面の働きを支える仕組みが備わっている。

脳の安静時活動での基本系ネットワークと執行系ネットワークのシーソーのような活動をも同様に解釈できる。すなわち、脳には執行系ネットワークのようにトップダウンで働くリーダシップ的なネットワークと、基本系ネットワークにみられるようなファシリテーター型のネットワークが交互に働いていることになる。その結果として中心となる活動部位が二つのネットワークの間で交互に入れ替わることで、人は一つの認知的スキルにとどまることなく、他の認知的スキルを活用したり、融通性のある行動選択をすることができる。そして日常の半分以上を基本系ネットワークの活動が占めることから、脳の中ではハブとなって膨大なネットワークのつながりを自律的に調整し続けるファシリテーション型が重要であると考えられる。

脳のネットワークは、ネットワークがさらに大きなネットワークに含まれるような入れ子状のネットワーク構造を示す。いわゆるスケール・フリー・ネットワークである。脳のネットワークのつながり(シナプス)は常に変化している。したがって脳のネットワークは固定的でなく、常につながりが更新され、生涯成長し続けている。スケール・フリー・ネットワークでは、その特徴として小さな情報の変化がネットワーク全体の変化につながることもある。それだけに常に変化し続けるネットワークには、情報の参照点となる基本情報が重要になると思われる。自分が今どこにいるのか、現在の日時、今何をしようとしているのか等の情報である。

基本系のネットワークは回想記憶、展望記憶などの自己の認識に関わるネットワークであり、自分の参照点を与える働きがある。この基本系のネットワークがきちんと働かなくなると認知症になったり、重篤な植物状態になってしまう危険性が知られている。このような意味で基本系ネットワークはその元来の用語の意味するように初期(デフォルト)状態として理解できるのではなかろうか。

あとがき

ここまで見てきたように「ぼんやり」している時に活動する基本系ネットワークは、外界に向かって何か一点に集中しようとする執行系ネットワークと拮抗し合いながらもシーソーのように戻ってきて、心の内面を含めた広い範囲に注意を広げる心の「間」のような働きであった。この基本系ネットワークの創り出す「間」には、実は想像性、社会性、即興性、創造性等いろいろな働きがあることを紹介してきた。人と人とのコミュニケーションでも、このような意識の「間」を大切にすることで意思の疎通が生まれることが多いのではないかと思われた。ふだん何かに集中している時になら見逃してしまいそうなわずかな「間」のやり取りによって、人とのネットワークが広がることがある。本書もこのようなネットワークの広がりの中で生まれたと言っても過言ではない。

この本は、多くの方々との出会いから生まれた。科学ライブラリーの一冊として、内容については科学的な事実が根底にあるものの、出会った多くの方とのネットワークの中で得たインスピレーションや、ほんとうに偶然の出会いで交わしたやり取りが、次第に心の中で形をもって膨れ上がって言葉になった箇所も多々ある。その点で本を書くということは創造的な活動であると改めて実感した。

脳の研究に関しては、新学術領域「非線形発振現象を基盤としたヒューマンネイチャーの理解(オシロロジー)」での研究活動や、科学技術振興機構(JST)のCREST「脳神経回路の形成・動作原理の解明と制御技術の創出」での研究、さらには現在進行中の「革新脳」の研究活動での出会いや議論が基盤になっている。特にカナダのノーソフ氏との偶然の出会いが、本書のコアである安静時の脳活動と学びの関係を深めるきっかけになった。

教育の面では、東北大学、宮城学院、宮城県の仙台第一高等学校のスーパー・サイエンス・スクール(SSH)などで様々な機会を通して、数多くの学生や教員と出会ったことが教育や学びの現場での経験の源泉になっている。SSHで出会った先生方はどなたも個性的な先生が多く、また、生物学者本川達雄氏の考える生物多様性や生命観には猛烈な印象を与えられた。学びの多様性は生命にとっても根源的と思われ、人の持つ多様性の意義を改めて考えるきっかけになっている。

即興演劇に関しては、東北大学高度教養教育開発推進事業の支援を得て行ったワークショップによるところが大きい。スクール・オブ・プレイバックシアター日本校の宗像佳代校長や小森亜紀氏、秋山耕太郎氏をはじめ、宮城教育大学の虫明美喜など多くの関係者とのコラボレーションから、演劇と教育効果に関して学ぶ機会を得た。そこでは自分を語り、人が自分を演じることを観て、自らも人を演じ、様々な視点の物語を自ら体験した。それは、なぜ人は語ることで、また語られることで感動するのかを身をもって知る貴重な体験であった。

国際医療福祉大学で行った講義で偶然出会った相原和子氏からは、日本医療社会福祉学会大会で基調講演の機会を与えていただいた。その時に、大会テーマである「社会に還流する脳科学――そしてソーシャルワーカーの工夫」に合わせ、福祉ジャーナリストの大熊由紀子氏が三人のソーシャルワーカーと私とでシンポジウムを企画された。その中で、死に直面している本人や家族の支援をしている田村里子氏、生きづらさを抱えた子供やその家族の支援をしている平野朋美氏、虐待、暴力などで苦しむ女性の支援にあたる横田千代子氏の三名のソーシャルワーカーから直に現場の話を聴き議論させていただいた。このことで、様々な社会分野で今コミュニケーション、コラボレーションが課題となっていることを実感した。

この本の挿絵をイラストレーターであり画家でもある古山拓氏にお願いできたことも不思議な縁であった。今回の経験で、科学はアートを必要としていると強く感じた。なぜなら古山氏の豊富なアイデアにより内容がイメージとなって直観的に分かりやすくなっていくことを身をもって経験したからだ。特に氏が人物を描くときにその絵に宿る温かみによって、ややもすると科学の本の持つ冷たい感じが補われていくことにはとても感謝している。

振り返ると、こうした人と人との偶然の出会いとコミュニケーションさらにはコラボレーションをするスキルこそが、今求められているものではないだろうかと改めて深く思うようになった次第である。

虫明 元

1958年生まれ．東北大学医学部大学院卒業，医学博士．東北大学医学部第二生理学講座助手，東北大学大学院医学系研究科生体システム生理学分野助教授を経て，同教授．専門は，脳神経科学．共著書に，『コミュニケーションと思考』(認知科学の新展開 2，岩波書店)，『学習と脳——器用さを獲得する脳』(ライブラリ脳の世紀：心のメカニズムを探る，サイエンス社)など．

大学での脳科学に関する専門教育以外に，高校での出前講義や一般向けのサイエンスカフェなどの教育活動を積極的に行っている．ここ数年は即興再現劇を用いたコミュニケーションワークショップを行い，学部横断的かつ学生主導的な学びの開発に取り組んでいる．

岩波 科学ライブラリー 272
学ぶ脳—ぼんやりにこそ意味がある

2018年4月5日 第1刷発行
2021年5月14日 第4刷発行

著 者 虫《むし》明《あけ》 元《はじめ》

発行者 岡本 厚

発行所 株式会社 岩波書店
〒101-8002 東京都千代田区一ツ橋 2-5-5
電話案内 03-5210-4000
https://www.iwanami.co.jp/

印刷・製本 法令印刷 カバー・半七印刷

ISBN 978-4-00-029672-4 Printed in Japan

●岩波科学ライブラリー〈既刊書〉

296 **新版 ウイルスと人間**
山内一也
定価一三二〇円

ウイルスにとって、人間はとるにたらない存在にすぎない——ウイルス研究の泰斗が、ウイルスと人間のかかわりあいを大きな流れの中で論じる。旧版に、新型コロナウイルス感染症を中心とする最新知見を加えた増補改訂版。

297 **医療倫理超入門**
マイケル・ダン、トニー・ホープ 訳児玉 聡、赤林 朗
定価一八七〇円

医療やケアに関する難しい決定を迫られる場面が増えている。医療資源の配分や安楽死の問題、認知症患者のどの時点での意思を尊重すべきか…。事例を交え医療倫理の考え方の要点を説明する。『〈1冊でわかる〉医療倫理』の改訂第二版。

298 **電柱鳥類学**
スズメはどこに止まってる?
三上 修
定価一四三〇円

電柱といえば鳥、電線といえば鳥。でも、そこで何をしているの? カラスは「はじっこ派」? 感電しないのはなぜ?——あなたの街にもきっとある、鳥と電柱、そして人のささやかなつながりを、第一人者が描き出す。

299 **脳の大統一理論**
自由エネルギー原理とはなにか
乾 敏郎、阪口 豊
定価一五四〇円

脳は推論するシステムだ! 神経科学者フリストンは、「自由エネルギー原理」によって知覚、認知、運動、思考、意識など脳の多様な機能を統一的に説明する理論を提唱した。注目の理論を解説した初の入門書。

300 **あなたはこうしてウソをつく**
阿部修士
定価一四三〇円

なぜウソをつく? ウソを見抜く方法はある? ウソをつきやすい人はいる? ウソをつきやすい状況は? ウソをつくとき脳で何が起きている? 人は元来ウソつきなのか、正直なのか? 心理学と神経科学の最新知見を紹介。